游戏设计概论

FUNDAMENTALS OF GAME DESIGN

主　编　姚晓光　田少煦　梁　冰
副主编　陈泽伟　尹　宁

清华大学出版社
北京

内 容 简 介

本本书从游戏理论、游戏历史、游戏系统设计、游戏关卡设计、游戏剧情设计、游戏数值设计、电子游戏制作流程等维度，系统介绍游戏设计所需的知识与技巧，旨在通过本书的教学，培养具有初步游戏设计能力的游戏人才。书中不仅有大量一线的理论研究成果，还提供经过实践检验的，由浅入深、由易到难的游戏设计教程，真正可以做到让学生从零基础开始，一步一步掌握游戏设计的方法与诀窍，并做出自己的游戏设计方案。

本书可作为游戏专业、数字媒体艺术专业以及计算机相关专业编写的教材，也可供具有游戏理论或文艺学基础知识的相关人员及游戏从业者参考。

版权所有，侵权必究。举报：010-62782989，beiqinquan@tup.tsinghua.edu.cn。

图书在版编目（CIP）数据

游戏设计概论 / 姚晓光，田少煦，梁冰主编. —北京：清华大学出版社，2018（2025.3重印）
ISBN 978-7-302-50913-4

Ⅰ. ①游… Ⅱ. ①姚… ②田… ③梁… Ⅲ. ①游戏程序—程序设计 Ⅳ. ①TP317.6

中国版本图书馆CIP数据核字（2018）第190044号

责任编辑：张占奎
封面设计：陈国熙
责任校对：赵丽敏
责任印制：沈　露

出版发行：清华大学出版社
　　　　网　　　址：https://www.tup.com.cn，https://www.wqxuetang.com
　　　　地　　　址：北京清华大学学研大厦A座　　　　　　邮　　编：100084
　　　　社 总 机：010-83470000　　　　　　　　　　　　邮　　购：010-62786544
　　　　投稿与读者服务：010-62776969，c-service@tup.tsinghua.edu.cn
　　　　质量反馈：010-62772015，zhiliang@tup.tsinghua.edu.cn
印 装 者：三河市龙大印装有限公司
经　　销：全国新华书店
开　　本：185mm×260mm　　　　印　张：16　　　　　　字　　数：384千字
版　　次：2018年10月第1版　　　　　　　　　　　　　印　　次：2025年3月第7次印刷
定　　价：88.00元

产品编号：068265-02

PREFACE

  游戏，是与人类相伴相生的重要事物。弗里德里希·席勒说过，"只有当人游戏的时候，他才完全是人"，而人类发明游戏，参与游戏活动的历史，几乎与人类的历史同样悠久。游戏深刻影响着人类的文化形成、发展以及社会生活，但多年以来，对游戏的研究总是游离于正统的学术体系之外，没有形成自己独特的理论。

  近年来，游戏领域出现许多经典的游戏设计著作，切实解决了游戏设计、开发中诸多子领域的技术和艺术问题，为行业培训了一大批合格的从业人员。而游戏的本质、规则和"核心创意"，以及对游戏的全面思考，却较少被人们关注。

  腾讯具有中国最权威的游戏研发团队。该团队依据数十年的游戏设计、开发经验，建立了一套成体系的游戏理论。今天，他们通过《游戏设计概论》为我们呈现了这些充满创造力和理论深度的工作。无论是对游戏本质与游戏历史的思考，还是对游戏的系统、世界观与剧情、关卡、数值设计等的研究，本教材都具有相当的理论深度、独创性和权威性。

  《游戏设计概论》不但能为读者带来较全面的游戏认知，还能启发读者进行自己的游戏思考，进而引导读者进行游戏创造。这是非常难能可贵的。

  希望大家通过本教材的导引，自由翱翔于游戏专业学习的世界中，并从中得到来自游戏领域最前沿的帮助和启迪。

中国传媒大学动画与数字艺术学院　院长

黄心渊

2018 年 8 月

PREFACE

这是一部定位为从入门到进阶的书籍，我想大部分的读者应该都很年轻、对游戏充满热爱，内心却又对这个行业有些迷茫和不确定。因此，在更深入地讨论游戏艺术之前，我想先分享一个自己的故事：在 17 岁生日那天，我请了朋友们来家里庆祝。派对过后，两个好朋友留下来陪我，我们一起打了暴雪公司的《暗黑破坏神》(*Diablo*)。由于大 Boss 太难打，我们决定分工：两个人用键盘，其中一人负责加血，另一人负责加魔法，我自己操作鼠标。我们反复地练习，从生疏到配合默契，在无数次的尝试后，终于打败了那个大 Boss，那一刻的兴奋我至今都记忆犹新。那个时候我就在想，什么时候我也能做一款这样好玩而精妙的游戏……现在回想起来，那应该是我的游戏艺术"启蒙时刻"。我突然理解了数字化游戏真正的魅力所在：不是单纯的趣味性，而是游戏内容与个体互动产生的情绪触动；不同于音乐、戏剧等其他艺术，它不是单向地对我输出情感，而是在我与小伙伴们齐心协力改变了游戏结果后，反馈给我们成就感、友情和快乐。可以说，游戏产生的情绪影响力更接近艺术中理想的共鸣状态。这段回忆既是我游戏生涯的萌芽，也是支撑我在这个行业打拼多年的动力。我想大家也可以尝试着找到自己的"启蒙时刻"，作为实现游戏梦想的"原动力"。

"玩"是自然界的普遍现象，是动物的本能与天性。动物幼崽喜欢嬉戏玩耍，不仅仅是因为年纪尚小无忧无虑，而且是能在玩乐中学习日后必备的生存技能。可以说在物竞天择的自然规律中，爱玩的孩子运气不会太差。然而，这种现象也带来了偏见，许多人给玩耍打上了"幼稚"的标签，认为它是属于幼年的行为，难道不需要学习的成年动物就不再玩了吗？根据动物学家的观察，成年的宽吻海豚喜欢成群结队地冲浪，这种行为并无明确的目的，仅仅是为了"好玩"。其实，无论是动物还是人类，玩乐都是贯穿其一生的行为，并不专属于任何一个年龄层。"玩"是镌刻在人性中的情感需求，值得正视与重视。

游戏作为玩乐的最主要形式，已经陪伴了人类数千年：考古学家在公元前 2600 年的乌尔王族古墓中发掘到最早的棋盘游戏；希罗多德记录了公元前 1000 年的吕底亚王国在饥荒时期发明了许多游戏来帮助人们渡过难关。然而，即使有着源远流长的历史，游戏在人类发展中却一直扮演着闲暇娱乐的配角。从前，没有任何人会将游戏称为一种艺术，但现在它终于迎来了变革——基于计算机和互联网的基础，"数字化游戏"成为迄今为止最先进的互动性媒介形式。2011 年，"数字化游戏"被美国国家艺术基金会正式定义为"艺术形式",成为文学、绘画、舞蹈、音乐、雕塑、戏剧、建筑、电影等"八大艺术"后的"第九艺术"。

数字化游戏：为梦而生的第九艺术

我认为游戏是艺术的真正标志，是有人承认自己在第17关时哭了。

——史蒂芬·斯皮尔伯格

任何可以调动人类审美、情感和情绪的作品都可以被称为艺术。各个类型的艺术都有其独特的与观众交流的形式，例如文学用文字协助读者构建一个脑海中的世界，音乐用旋律与听众的情感产生共鸣，电影用身临其境的镜头语言调动观众的情绪而引发深层次的联想……相信大家都感受过，被称为经典的艺术作品中蕴含的那种情绪影响力，令人为之震撼不已。

我们都知道，人类的生活不仅仅只有现实的事物，还需要去追寻一些"虚"的东西，懂得追求"梦想"和"意义"是人类与其他动物的最重要区别。动物只有在寻找食物时，才会最大限度地发挥其智力水平。比如百兽之王的雄狮，它一旦吃饱喝足，剩下的时间便是养精蓄锐、睡大觉。但人类却不一样。你不会一吃饱了就趴在树荫下，什么都不做打发时间。我们有梦想，高度发达的大脑带给我们广阔的梦想空间，为我们编织了一个又一个美好的幻境，这些奇思妙想激励着我们勇敢地披荆斩棘，向着幸福的方向迈进。

游戏，特别是高度真实的数字化的游戏，正是通过创造一个个可互动、可体验的梦想，与玩家的情感进行互动，从而达到艺术的情感共鸣。数字化游戏就是人们实现梦境之前的一个预演，当我们发现在角色扮演游戏中竟能以传说中的人物来演绎命运，或是在模拟飞行中能高度拟真地驾驶战斗机保卫领空……这份惊喜和感动并非是在现实生活中可以得到的，数字化游戏为实现人们的梦想而存在，这正是众多的玩家挚爱游戏的原因。

"无限"的游戏

在纷繁芜杂的游戏种类中，数字化游戏站在了风口浪尖上，凭借其越来越高的科技含量和文化内涵，使得人们看待游戏的目光越来越尊重。这仅仅只是开始，一旦数字技术释放了游戏的潜力，进化的脚步便不会停下。其实只要我们用心留意当下正在发生的一些现象，就可预见游戏未来的可能性。《有限游戏与无限游戏》书中提到：世上至少有两种游戏。第一种是有限游戏，目的在于赢得胜利。第二种是无限游戏，旨在让游戏永远进行下去。前者强制在边界内玩，后者玩的就是边界。有限的游戏具有一个确定的开始和结束，拥有特定的赢家，规则的存在就是保证游戏会结束。而无限游戏没有输赢的设计，目的在于将更多的人带入游戏中来，从而延续游戏成为无限游戏。

纵观现在的市场，大多数游戏都还是所谓的有限游戏，等级到顶，任务做完就没什么意思了。其实，就在人们还在享受有限游戏带来的轻松和欢乐时，游戏已经以跨界的方式在悄悄地向"无限"前进：我们能看到一些内容分享类的App逐渐地游戏化，用游戏中的任务、等级和成就体系，来激励和引导用户生产更多优质的互动，还有广告行业使用互动游戏来增强目标观众的代入感，各行各业的"游戏感"纷纷体现。未来，也许游戏这个概念还可以和电力或者现在的互联网一样成为一个基础工具，服务和更新其他传统的行业：比如游戏＋影视可以出现互动影视作品；游戏＋教学可以出现更有趣的教学模式；游戏＋

金融可以出现新商业模式；等等。游戏"越界"才能与其他行业产生更好的结合，融入了日常生活的游戏是有无限可能的，它能够给传统行业带来新的思维方式，拓宽真实世界的广度。

无限游戏扩展了游戏的外延，甚至可以让九种艺术相互融合，让真实世界变得越来越有趣。前文说到，无限游戏的目的是让更多的人加入到游戏中来。当全世界的人都加入到游戏当中，便实现了"全民自创自乐"——这是当今游戏界乃至整个娱乐行业的一个大趋势。在各类线上线下的活动里，所有的人都是"玩家"，表演的人是玩家，观看的人也是玩家。以往人们只能在有限游戏中寻求满足的表现欲、创造欲、贡献欲、成就欲，那种积压在心底深处渴望被社会承认和接受的向往，终于在这个时代迸发。

我们所处的真实世界就像漂浮在大洋中只露出了一角的冰山，客观上来说它很大，人类发展至今也只能窥其皮毛；但对站在上面的我们来说，它的广阔毫无意义——我们能探索的空间少得可怜。就像宇宙浩瀚，我们却困在了这颗银河系边缘的蓝色星球，困在了当下这个时间无法回到过去或跃进未来，困在了短暂而有限的一生。这是与生俱来的局限，但它也是艺术的起点：当现实无法满足我们疯狂的想象力和创造力，那我们就去创造一个超脱于现实的意义领先世界，而艺术就是人类的工具。游戏作为艺术的一员，正在进一步地丰富真实世界的体验，拓宽真实世界的边界，让我们真正活在一个更自由、更无限的世界里。

真实世界需要领先的意义世界作为未来的探路石。正是因为能够用想象力去创造无数个意义世界，人们得以在未来真正到来之前，提前思考并做好准备。将来，当超越人类的人工智能真的出现或外星友人不打招呼便来访，也许我们不会如想象中那样惊慌失措，毕竟在游戏、电影的世界中我们已经无数次面对和尝试解决这些命题。

中国游戏的未来

经过多年的变迁和发展，中国数字化游戏行业从无到有，再到大爆发，出现了像《王者荣耀》这样能刷新世界游戏行业认知的现象级作品。然而，社会大众对于游戏行业的偏见却还未解除：家长们依旧对游戏充满敌意，人们还是经常将游戏爱好与"不务正业""玩物丧志"联系在一起。这种思维定式，需要优秀的游戏人创造更有价值的游戏作品去打破。

回想我 17 岁时被国外高质量的游戏作品打动后立志做游戏，那时中国甚至还根本没有游戏这个行业，更是不能被父母所理解。所以我想告诉大家的是：**"也许你现在喜欢的东西，还没有被身边的人认可和理解，但请不要放弃。比起默认现状，青年人更应该保持探索的眼光，要相信自己，不断突破认知的边界，不做自己认知的囚徒，发现未知和不可能。念念不忘，必有回响！"**

进入游戏行业光有理论指导是远远不够的，制作游戏不光需要程序、美术、策划的所有知识技能，更需要创作的视野、无比的诚意、强烈的想象力，以及对想象力的控制能力。可以说世界上没有一种完全正确的理论可以教你如何设计一款好游戏，但这正是这个行业最大的魅力。先进技术＋互动性游戏，带来更大的想象和艺术发挥空间。人类不仅创造了工具，工具反过来也在塑造人类。可以说谁能用好游戏这个新工具，谁就能更好地控制想象力，能创造更先进的艺术作品去引领未来。

现在是最好的时代，信息大爆炸与互联网的高速发展，极大地消灭了特权，知识获取高效而简单，为所有人史无前例地创造了一个公平的世界。大家站到了同一个起跑线上，每个有理想的年轻人都有弯道超车的机会，在互联网这条伟大航路上，游戏业绝对是你值得上的船！如果你喜欢游戏，那就去学习相关知识，并发挥自己独有的个性，做能带给人快乐和意义的数字化游戏，它值得你去创意和付出，因为**我们在一个最好的时代，任何足够优秀的产品都会被足够多的人热爱**！

本书内容介绍

今天，这本《游戏设计概论》终于与大家见面了。在本书的编写过程中，我们希望依托我们数十年的游戏设计、开发经验，初步建立一套成体系的游戏理论，为读者带来较全面的游戏认知，启发读者进行自己的游戏思考，进而引导读者进行游戏创造。

本书共分 6 章，分别涉及游戏的基本性质研究、游戏的历史、游戏的规则和系统、游戏中的文化元素（世界观和剧情等）、游戏中的关卡，以及游戏中的数值。

在第 1 章中，我们论述了游戏的基本性质，明确了游戏同时具有"人类活动"和"作品"的双重性质，并由此引出"游戏"与其他事物相比的特殊性，并介绍了游戏的其他几大性质，为读者理解、思考游戏提供入口。

在第 2 章中，采取了详写重点范例的方式，书写了一部游戏断代史。它讲述了游戏的历史传承——尤其是游戏在历史关键节点的发展方向以及形态变化，这对帮助读者建立一套成熟的游戏认知，是非常有作用的。同时，本章还介绍了古今中外各个时代的游戏研究成果。

在第 3 章中，阐述了游戏的构成方式，引导读者从时间、空间两个维度，思考游戏规则的存在方式和运行方式，并介绍诸多游戏设计范例和设计思路，帮助读者创造自己的游戏规则。

在第 4 章中，介绍现代电子游戏中的重要环节——游戏的世界观与剧情，力图应用文艺学理论分析它们的特性，论述它们与游戏内容进行结合的方式，为读者进行自己的创作提供一定的思路。

在第 5 章中，归纳游戏关卡的形态和作用，引导读者从宏观的游戏设计，逐步走向微观和细节层面的思考。同时，也对现存的关卡设计理论进行了一些丰富和补充。

在第 6 章中，讨论游戏数值对于游戏设计的重要意义，为读者介绍一系列成功的数值设计手法，并予以大量实例佐证。

此外，本书还附有大量课后思考题，对帮助读者加深对游戏的理解、提高理论水平、加强设计能力有一定作用。

感谢深圳大学田少煦教授、梁冰，以及陈泽伟、尹宁两位作者。本书的筹备、写作过程为期整整两年，而正是因为怀着对游戏的热爱的他们，本书才得以呈现给各位读者。

特别感谢腾讯公司为本书提供的诸多支持。特别感谢大英博物馆为本书提供的历史图片。

希望本书能带给所有热爱游戏、关注游戏设计的人们以帮助和启迪。

姚晓光

2018 年 3 月 28 日

目录

CONTENTS

第1章

对游戏本质的思考

游戏是什么？对这个问题，每个人应该有着很多自己的思考。

社会学家说，游戏是社会结构和价值观的一种表现，是儿童学会社会生活的关键步骤；语言学家说，游戏的含义是很多的，而"游戏"一词虽囊括了一切，但不同的语言表达这一概念的方式却也不尽相同；生物学家说，进行游戏是为了发泄和补充生物能量、练习生存技能；教育学家说，游戏是一种具有自发性创造性的教育和学习活动；人类学家说，游戏是了解社会习俗、社会秩序和人类发展的重要途径；体育学家说，游戏是体育运动的一种；心理学家的论述更是多种多样……

然而游戏究竟是什么？

早在柏拉图、亚里士多德的时代，人类就在研究游戏。而游戏的出现，甚至可以追溯到人类的诞生伊始。但是，直至今日，每一部研究著作，都仍然要用数十页的篇幅来说明游戏的概念——而1972年出版的《韦氏英语词典》，更是给出了59种对游戏的定义！

是时候来解决这个问题了。

本章将介绍本书编写者的游戏理论研究成果，引导你了解和思考游戏的定义和基本性质，从而让你在走入游戏设计之路之前，首先建立扎实的理论基础。而对这一领域感兴趣的同学，我们也希望通过本章，开启你对游戏理论的深入思考。游戏的本质众说纷纭，衷心希望我们的一家之言，能够引导你对游戏理论建立属于自己的见解和认知。

那么，让我们走入游戏之门吧。

1.1 游戏的基本性质初探

在这一章的开始，我们将试着给出游戏的定义，并将其内涵分为**娱乐第一性、交互性、二象性和规则核心性**四部分，于后文中分别作出解释。

游戏的定义是：**游戏是人类历史上一切以娱乐为第一目的的交互性活动及因此而被创造的一切完整的、以交互为作用发挥前提的创造物**[①]；**游戏同时以人类活动和作品的形式出现，其存在以规则为核心。**

1.1.1 娱乐第一性

游戏，首先应是**以娱乐为第一目的的人类活动**。这是因为，游戏很显然先天就是以娱乐性为最重要作用的事物。

另外，游戏，是一种无功利或低功利性的人类活动。

那么，我们就必须分清，怎样的娱乐活动是游戏，怎样的娱乐活动不算是游戏。

我们认为，很多并非以娱乐为第一目的的，却具有主观或客观娱乐性质的人类活动并不能算作"游戏"。很多人类活动，即使不从游戏规则、交互性角度判断，仅从娱乐性（或功利性）角度来看，也并不属于游戏——如以下两例。

1. 主观娱乐活动

在某一群体的主观概念中具有娱乐性，而在客观概念或另一群体的主观概念中，并不具有娱乐性的人类活动被称为主观娱乐活动。主观娱乐活动不是游戏，但常常被一些爱好者误认为属于某种游戏。

此类活动以某些人类群体热衷于从事的某些（游戏之外的）活动为主，这些活动一般被认为能为他们带来"乐趣"，也可以叫"兴趣爱好"。如对某些摄影师而言，摄影是他们"极有乐趣"的"游戏"。但在大多数人看来，摄影并不是那么具有娱乐性。并且，即使是对那些摄影师来说，摄影活动的最终目的仍然是摄影作品的创作而并非娱乐，它更不是专门性的娱乐活动。因此，无论是从主观还是客观角度来看，摄影都仅仅是那些摄影师们的主观娱乐活动而不是游戏（图1.1.1）。

图 1.1.1 摄影是纯粹的创作活动，但是某些电子游戏是以摄影为游戏方式

---

① 该创造物即"游戏作品"。

2. 竞技比赛与赌博

兼有娱乐性质，但不以娱乐为最终目的的娱乐活动，我们称它为客观娱乐活动。客观娱乐活动同样不是游戏。

此类娱乐活动以各类**竞技比赛及赌博活动**为主。需要指出的是，尽管许多游戏中含有竞争或比赛的成分，它们却仍是以娱乐作为自己的最终目的的，在游戏中取得比赛的胜利与否，均不会对游戏者[①]造成有关得失、荣辱及利害关系的影响，游戏的娱乐效果也只会因竞争成分的存在增强而不会减弱。

但竞技比赛及赌博活动则完全不同。人类参加竞技比赛和赌博活动的最终目的均是获得物质奖励、精神荣誉及自我实现的满足感。这些活动即使具有娱乐性质，它的地位也只能是次要的——**对精神与物质资源的获取，才是它们的第一目的**。它们具有更强的功利性，并且，显而易见地，在这些活动中取得胜利与否，一定会对参与者们造成有关得失、荣辱及利害关系的影响，游戏的娱乐效果也将因这样的竞争而明显丧失。

游戏比赛或以游戏为工具的赌博活动是其中的一个经典范例，虽然其内容本身便是游戏，但它依然以资源获取为目的而非以娱乐为第一目的。一个显而易见的例子是麻将赌博——事实上，本不具有负面色彩的麻将游戏，便被麻将赌博活动牵连，遭受了中国社会长达数百年的诋毁，而在麻将赌博并不猖獗的日本等国，麻将就成为健康的娱乐活动和竞技项目。这也从侧面印证了赌博和游戏在本质上的不同（图1.1.2）。

图 1.1.2 赌博活动往往借助游戏方式开展，但目的并不是娱乐

客观娱乐活动中，除了现实利益，提供娱乐效果的往往也已不是其活动本身，而是所谓的"成就感"，即基于在竞争中保持优势的胜利快感。

1.1.2 交互性

游戏在本质上是一种交互性活动。游戏的过程是若干种交互形态的总和。交互，可以是对游戏样态的改变（从而实现游戏的各种目的），**也可以是与其他游戏者的各种交流。**

游戏是人类文明的一种特殊产物，它与文学、绘画、音乐、影视艺术相区别，并有着

---

① 本章为学术意义较强的理论章节，在此为表述严谨，我们将进行游戏活动的人类主体称作"游戏者"，其对应的英文词语为 Player，而在后文主要论述游戏历史、设计的章节中，将遵循业界一般习惯，用"玩家"一词表述。

本质上的不同。这种不同,存在于游戏本身和游戏作品的接受阶段(游玩的过程)——游戏是"交互"的。游戏者在接受游戏作品时,会进行思考之外的肢体活动,手、脚,乃至全身。与对文学绘画的接受过程不同,这些活动,对游戏的存在本身直接构成着影响;而这些活动的进行,也正是游戏"规则"所要求的。欣赏文学作品时读者只是单方面接受着作品的影响,即使读者和批评家写出了对作品的评述,他们也很难影响作品,作品本身几乎不会因此而产生改变;而**游戏与我们从一开始便是在互相影响的,游戏的样态也会因我们的介入而产生各种改变。**例如,在魔方游戏中,魔方的形态在随时发生着变化(图 1.1.3)。

图 1.1.3　游戏作品会随着游戏者的游玩过程,不停进行改变(魔方)

一部文学或绘画作品完成后的形态几乎是固定的,而由于交互的存在,任何一个游戏作品都是充满变化的。这也是由游戏同时是"活动"的特性所决定的。例如,《阿 Q 正传》在任何一部鲁迅作品集中都是相同的,两盘围棋或两场足球却永远不可能相同。

所有的游戏作品都是开放结构的。并且,从游戏诞生伊始,这一开放结构便开始形成。早在游戏作品的诞生过程中,创作者就在不停地与游戏产生着交互。所有的游戏也都必须经过游戏者(包括创作者本人)的游玩才能最终完成。不能用来游玩的游戏作品是不存在的(如果有,也不能被称作"游戏")。但与文艺学中的"文本"相似,游戏作品在完成的时刻,就应该被视为独立存在的事物,而不应该再受到作者的主观干预,作者对该作品的解释,也不应被视为高于游戏者见解的存在。

游戏的交互性首先存在于游戏者与游戏之间,但是,**在有两名以上的游戏者时,交互性也同样体现于游戏者之间。**游戏制作上的特性和游戏者技能与水平的差异会对交互性的强弱产生影响,这也便是所谓的"平衡性"(见第 3 章)。

在现代游戏评论中经常被使用的"游戏性、可玩性(gameplay)""自由度"等词语,也在某种程度上表现了交互性的概念。我们将在第 3 章中,对此统一给予科学的阐述。

正是由于交互性的存在,游戏在教育活动(尤其是儿童教育活动)中,往往能够起到极大的作用。很大程度上,游戏的教育作用是文学、影视作品所无法比拟的。

1.1.3　二象性

游戏既是人类的一种具有交互性的活动,又是人类的一种能够独立存在的创造物。这两种特性可以在同一时空中共存。这种共存集中表现为一种直接的、直观的、可视或可感的**再创造**。活动与作品这两种特性又可以**互相转换**,这种转换往往表现为一种动与静的交替。我们将在本节具体阐述这些概念。

首先,我们把以上两种特性表述为"游戏作品"和"游戏活动"——在游戏作品没有被进行游玩时,它是一个"作品",是静态的,当它被进行游玩时,它便是动态的"活动"。

讲到这里,我们需要给"游戏作品"这个概念下一个准确的定义——**以娱乐性为第一目的,以交互为作用发挥前提的创造物,其核心为规则。**

游戏作品的核心是游戏规则(见第 3 章)。规则是游戏进行所依据的最高准则,是一种思想和理念。游戏中的一切活动，都要符合规则的要求。只要拥有规则，并且基于此规则的游戏活动能够进行，游戏作品就可以存在。游戏规则是无形的，它可以以不成文的形态被传承，也可以以成文的方式表述。因此，游戏作品的核心也是无形的。但是大部分情况下，游戏作品都有一个有形的载体——它可以是描述游戏规则的文字，可以是游戏道具，可以是游戏场所，也可以是游戏软件，等等。

图 1.1.4（a）是一个经典的桌面游戏——《卡坦岛》，它由规则书、可变形的游戏棋盘、游戏道具、游戏卡牌组成。它的游戏规则以图文并茂的形式记载在规则书中，而规则书与帮助游戏者完成游戏的诸多道具共同构成了《卡坦岛》这部游戏作品。

一旦有了游戏规则和帮助游戏进行的道具，我们就可以说，一个游戏作品诞生了。而**游戏活动，就是游戏者基于游戏作品（及其所依据的游戏规则）而进行的具有交互性的游玩活动**。

图 1.1.4（b）展示了游戏者在游玩《卡坦岛》时的情景。

(a)　　　　　　　　　　　　　　　　　(b)

图 1.1.4　桌面游戏作品和桌面游戏活动（《卡坦岛》(*The Settlers of Catan*)）

所以，游戏作品与游戏活动是相互独立又相互联系的。游戏活动必须依据游戏作品而展开，而游戏作品又以被游戏者游玩为存在意义。游戏的这两种特性，根据被游戏者游玩与否，会产生动与静的转换和交替。

在游戏的创作过程中，这种转换体现得尤为明显——游戏作品的创作过程并非一蹴而就的闭门造车，而是一边创作、一边游玩的动态过程。创作者在思考出游戏规则的原型后，势必要从实验性的游玩中不断积累、总结经验，调整设计方案，才能生产出最终的游戏作品。这一过程，我们称之为**再创造**。

1. 再创造

再创造的存在，是游戏在某种意义上优于其他人类创造物的关键因素。

首先我们可以清楚地知道，文学作品的创作与阅读，几乎是完全分离的；读者也不可能在保证作品完整性的前提下，对文学作品进行直接的加工处理（再创造）。而游戏则完全不同，**游戏作品的创作过程由交互性活动产生，游戏作品的接受过程（游玩）原本便是交互性活动，而且在游玩过程中，游戏者可以自然地对游戏作品本身进行再创造。这是三重的交互**。

这种再创造的经典范例是扑克游戏。假设最早传入中国的扑克牌（French playing

cards 或 standard 52-card deck）游戏是梭哈（英文为 Poker），那么可以设想，中国的梭哈游戏者在游戏过程中，受到了某种启发，对梭哈进行了再创造，借扑克牌的样态创作出了升级、拱猪等形式和规则与梭哈完全不同的游戏，但它们都属于扑克牌游戏，都使用相同的游戏道具——扑克牌。有观点认为，麻将的规则与形式直接来源于明末的马吊牌 [1, 2]①，这又是游戏再创造的一个经典范例（图 1.1.5）。

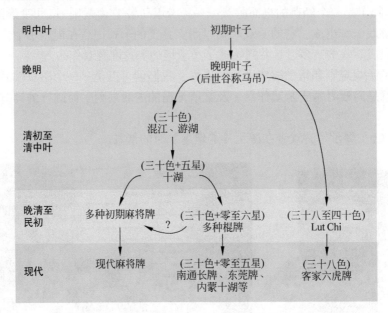

图 1.1.5　麻将的发展变化是再创造的经典范例

随着再创造的不断进行，游戏作品的规则也会不断发展，臻于完善。最终我们可以发现，某些游戏作品的规则已经相当完善，几乎没有修改和增删的余地了——再创造的空间也非常狭小。这样的游戏，无疑是到了发展的顶峰，但是，它们也即将衰落，走向消亡，直至退出历史舞台。这是游戏发展的必然规律。

近年来如火如荼的沙盒游戏（Sandbox Game），可由游戏者创造游戏中本不存在的物体、场景甚至游戏规则，在一个游戏世界里创造另一个游戏世界——这是再创造的划时代发展，它让再创造从只属于少数游戏者和设计师的活动，变成大多数游戏者的行动准则。著名的沙盒游戏《我的世界》中，游戏者就可以建造房屋、建造复杂的机械甚至电子计算机（图 1.1.6）。全民参与再创造的游戏形式，可以具有长久的生命力，这是因为它规则的内核可以不断革新。

沙盒游戏所反映出的再创造的地位提升，对游戏的发展有着深远的意义。这也是再创造价值的有力证明。

2. 二象性与再创造对教育活动的意义

游戏的二象性，尤其是再创造，决定了游戏在教育活动中的重要价值。

---

① 顾炎武《日知录》（《日知錄集釋全校本》，[明] 顾炎武，上海古籍出版社，2006）："万历之末，太平无事，士大夫无所用心，间有相从赌博者，至天启中，始行马吊之戏"。杜亚泉《博史》（上海开明书店，1933，第 34 页）："天启马吊牌，虽在清乾隆时尚行，但在明末已受宣和牌及碰和牌之影响，加之东南西北四将，即成为麻将牌。"

图 1.1.6　在《我的世界》(*Minecraft*) 中，游戏者建造的城镇

再创造的存在，也是游戏可以帮助学习或探究性活动，甚至"成为比探究更为重要的学习活动"[3] **的重要原因**。再创造行为出现的前提，是透过游戏的样态和形式而深入理解游戏的"规则"。

掌握游戏规则，再对游戏作品进行再创造这一行为本身，不仅仅代表了对一种事物（一种游戏）本质的了解和掌握，更重要的是，它象征着对某一类事物（一类游戏）的内在规律的发现和对此规律下的新事物的创造。

对事物的规律和本质的探究（即"发现"），以及对全新事物的创造（即"发明"），无疑是人类最高级、最高贵的学习形式。并且，前文已经说明，游戏是人类最为复杂的创造物类别之一，在游戏中培养的发现与发明能力，作为一种高级的思维形式，在人类的其他活动（游戏、娱乐之外）中，也有着极大的作用。

1.1.4　规则核心性

游戏作品的构成以游戏规则为核心；而游戏活动，必须以游戏规则为最高准则进行。

这一性质揭示了游戏的存在方式——游戏作品往往以游戏道具、游戏软件这些有形的载体出现，以游戏活动的形式为人类所接受；但**游戏的核心是一种理念，这种理念以规则的形式存在并被表述。**

所有的游戏都拥有规则①，但不同的规则对游戏活动的限制不同。相对而言，某些游戏的规则限制较强，某些则较弱。我们将其称为强规则和弱规则，这是一组相对概念。一般而言，规则越强，游戏的学习难度和运行难度就越低，但游戏中的变量就越少，游戏者的再创造空间也就越小②。

不同的游戏规则的复杂程度不同。相对而言，某些游戏的规则较为简单，而某些却较为复杂。我们将其称为简单规则和复杂规则，这同样是一组相对概念。一般而言，规则越

---

① 此点学界存在一定争议。
② 这一概念一般以"自由度"的称呼被研究，详见本书第 3 章。

复杂，游戏的内容就越丰富，但再创造的空间也就越小。

游戏规则的设计是游戏设计的核心和本质，第 3 章将对此进行详细讨论。

1.2　游戏的文化属性

游戏往往被视作一种文化要素。

游戏的创作者、游戏者的文化背景以及他们所属的民族、国家或种族的文化传统，所说的语言，都会对游戏带来一定程度上的影响，甚至植入游戏活动和游戏作品之中——其为游戏带来的影响，就是游戏的文化背景。任何游戏形式都会带有相应的文化色彩，而且随着游戏和游戏产业的不断发展，文化对游戏的影响会越来越显著（图 1.2.1）。

图 1.2.1　柏林墙残垣上的游戏文化涂鸦①

但同时，游戏的存在又带有超文化性，其可以超越语言、民族、国家或种族的限制，更广泛地被传播和被接受。事实上，在人类历史上，游戏是最早进行国际和洲际传播的文化要素之一。比如象棋，在公元 8 世纪以前就有大范围跨国传播的可靠历史记录，而发源于古埃及的塞尼特，很有可能在距今 4000 年以前就进行过洲际传播（详见第 2 章）。

在本单元，就让我们一同了解游戏的文化属性。

1.2.1　文化背景对游戏的影响

不同国家不同民族的游戏，其表现形式和进行过程都是不同的，这一点自古至今都是如此。这是游戏文化背景最直观的表现。

扑克牌中充斥着字母、阿拉伯数字和中世纪西洋画，麻将中也拥有诸多汉字和具有中国色彩的图案；扑克牌的 4 种花色和 54 张牌的构成体现了西方历法的特点②，而麻将牌的构成和独特的竹制工艺③也有着鲜明的中国特色[4, 5]。在现代电子游戏中，西方游戏与东方游戏的美术风格、语音文字、表现形式等也都有巨大的差别④。这种差别非常明显，然而却不涉及游戏的核心——规则，因此并没有多么重要。扑克牌比西装、西餐、英文字母这些西方文化的最典型代表更早地在中国广泛流行，也是一大明证（图 1.2.2）。

得益于游戏规则的抽象性，出色的游戏作品可以超越文化差异和语言障碍，达成国际

---

①　该涂鸦文本属葡萄牙语或西班牙语，为"快乐 1984"之意。

②　扑克牌共有 54 张，大小王代表日月，其余 52 张代表 52 个星期。黑桃、红心、梅花、方块代表春、夏、秋、冬四季。每花色 13 张，是代表一季 13 星期。每花色 13 张牌（1—13）加起来是 91 点，而每季平均也是 91 天，四花色点数相加，再加小王是 365 点，是普通年份的天数，而再加大王是 366，是闰年的天数。此外，扑克牌只有两色，红代表白天，黑代表夜晚。

③　麻将牌之中的"中""发""白"，与人们对升官发财的愿望有关。"中"就是中举（中解元、中会元、中状元，合称中三元），"发"即发财，"白"即做官清白。而麻将字牌之外有 108 张牌，是指《水浒传》的一百零八将。

④　同样以育成角色为目标的日本游戏《美少女梦工场》（プリンセスメーカー）与美国游戏《模拟人生》（The Sims）就有非常大的不同：前者注重虚拟体验，人物是动漫形象；后者注重生活纪实，人物是三维模型。

图 1.2.2　扑克牌的文化背景——四位国王是西方历史上的真实人物[1]，但此设计与游戏规则无关

性的流行。如扑克牌游戏产生后可以在数百年内风靡全世界，麻将也在几十年内席卷了整个日本和东南亚——即使那些游戏者完全不理解游戏背后的文化内涵，但他们也足以掌握全部的游戏规则并沉迷于此，甚至可以进行一定程度的再创造（如日本麻将）。

所以足球、篮球等即时制游戏，在全球范围内，核心规则都是完全一致的；而围棋、国际象棋等回合制游戏，也只是在少数规则中出现差异，但这种差异也并不影响不同国家、民族的游戏者一同进行游戏。全世界的古典游戏都很少有因为文化差异问题而无法被外国或外族的游戏者理解和接受的案例，而且成功的游戏却总是会有外国爱好者[2]。

1.2.2　游戏的超文化性

即使是现代的电子游戏，也可以很快超越语言和文化的界限，以最快的速度被外国游戏者接受，不懂英语的学龄前儿童兴高采烈地玩着英文电脑游戏（如 2000 年前后的《反恐精英》（Counter-Strike）等）的情景，在世界各国都屡见不鲜。另外，文化差异对游戏规则确实也有着一定的影响，若仅从古典游戏角度来看，欧美游戏规则一般较为注重竞争与对抗，东方游戏规则较为注重艺术性、观赏性，然后才是博弈[3]——但例外情况比比皆是（如中国象棋便是对抗性极强的游戏），并且在现代游戏中，这种差异已经进一步缩小，以至于几乎可以忽略不计了。

在完善的电子游戏作品和现代桌面游戏作品中，世界观设定、故事情节和游戏角色无疑是最重要的组成要素之一。就像小说与电影一样，任何游戏者都比较容易接受符合自己文化背景的游戏作品，这是不争的事实。因此 20 世纪，能够世界性流行的游戏作品都是刻意淡化地域文化背景，致力于消除地域文化色彩的简单游戏（如《俄罗斯方块》（原名 Tetris，与俄罗斯无关）、《吃豆人》（Pac-man）及《地产大亨》（Monopoly）等，不经提示，我们完全无从得知这些游戏创作者的身份与国籍）（图 1.2.3）。

---

① 红桃 K：查理曼大帝，黑桃 K：大卫王，方块 K：恺撒，梅花 K：亚历山大大帝。

② 在日本的"国技"大相扑中，就有着相当多的外国力士，他们来自亚洲各国甚至欧美国家。有些甚至还达到了最高水平的横纲等级，如蒙古籍力士朝青龙明德。

③ 简单的例子：英国的足球是射门得分，而中国的蹴鞠（仅指宋代之后的形式）则是一种类似踢毽子的有表演艺术性质的游戏。

图 1.2.3　如果《俄罗斯方块》没有刻意宣传其来自俄罗斯的话，我们便无从知晓其文化背景

　　然而随着游戏制作技术的突飞猛进和游戏创作思想的飞速发展，游戏作品开始变得越来越复杂，强化游戏的文化背景、增加更多的故事情节、使角色形象更加丰满的趋势也越来越明显。因此近些年的游戏作品都带有鲜明的文化特征而风格各异。可是，随着全球一体化的发展和文化多样性理念的普及，现在能够接受有外国文化背景的游戏的游戏者也越来越多了。很多游戏公司甚至主动开发"外国游戏"[①]，这些游戏作品在本国和国外都很卖座。而且，拥有多国角色人物和文化背景，具有"国际化"色彩的游戏作品，现在也越来越流行了[②]。

　　综上所述，**游戏作为人类的独立创造物，具有超文化性的特性**。游戏的创造、进行和传播，受不同国家、民族之间文化差异的限制和影响远远小于文学、影视等常见的艺术形态。并且，**这种特性还会随着游戏的进一步发展和国际化色彩的进一步加深而持续增强**。

---

　　① 20 世纪 90 年代以后，即使是日本这种典型的东方国家，也可以制作出完全以美国文化作为文化背景、以美国城镇作为游戏场景、以美国人作为游戏人物，讲述美国故事的优秀电子游戏了。这类游戏有很多，比较有代表性的有《生化危机》（日本：バイオハザード、*BIO HAZARD*，欧美：*Resident Evil*）系列、《寂静岭》（*Silent Hill*）系列与《潜龙谍影》（*Metal Gear Solid*）系列等。而且，日本制作的以中国文化和中国城镇为背景，叙述中国故事的电子游戏作品也有不少，如《莎木》（シェンムー，*Shenmue*）（此游戏作品开发经费总计约 5.8 亿元人民币，曾经是吉尼斯世界纪录中开发耗资最多的电子游戏作品）等。

　　② 日本 Falcom 会社的《英雄传说》"轨迹"系列，便反映了这种趋势。从 2004 年 6 月的《空之轨迹 FC》到 2011 年 9 月的《碧之轨迹》，历经七年五作，每一部作品都比前一部拥有更多的国际化色彩和中国文化成分。因此这一系列在中国也非常流行，该系列每一作都有中文正版发售，而第四部《零之轨迹》的中文 PC 版，甚至是专门为中国市场制作的（并没有相应的日文 PC 版在日本发售）。

思考题

　　通过学习我们的游戏定义，你或许已经对关于游戏基本性质的理论有了一定的了解和兴趣。那么你能通过网络或其他途径查找资料，寻找学术界和游戏业界知名的游戏定义（如席德·梅尔的**"游戏是一系列有趣的选择"**；拉夫·科斯特的**"游戏是在快乐中学会某种本领的活动"**），加上自己的分析推断，总结出一份自己的游戏定义吗？

　　请把你对游戏定义的理解，与身边的同学们分享。

　　　　　　　　　　　　　　　　　　　　　　　　　　（本章内容由陈泽伟主笔）

第 2 章

游戏的历史

游戏的历史，与人类的历史相伴相生。人类社会的进步推动了游戏的发展，而游戏让人快乐，也推动了人类的进步。研究游戏的历史，可以让我们形成更好的游戏观念，了解过去的真实，创造未来的美。

本章旨在以具有划时代意义的经典游戏作品为轴，以承前启后的游戏设计和游戏文化、游戏研究为引线，将波澜壮阔的游戏发展史呈现给每一位读者。

我们希望告诉你，游戏是怎样一步一步，从远古的形态发展到现在的——表象重要，而规则和本质的演变更加重要。读完这一章，你就能从历史中真正找到游戏的核心是什么。如果你能理解这一切，就具备了成为游戏设计师的基本素质。

下面，在实际动手设计前，让我们来好好看看前辈们是怎么做的吧。

2.1 游戏的诞生与早期发展

本节介绍的是从新石器时代到公元前的游戏历史。

游戏活动，在人类出现之前的动物社会中就已广泛存在，著名动物学家珍·古道尔就曾记载黑猩猩游戏的诸多方式[6]。依据动物已有的游戏行为，以及一系列考古发现和文献记载，学界有一个著名的共识：**游戏诞生于人类的婴儿时期——有人类就有游戏**。

而前文说过，游戏是仅以娱乐为最终目的的人类活动和作品。在远古时期，因为文字还没有出现，人类的活动是无法记录的，但作品，会成为物品，以各种形态得到保存。那么，就让我们通过考古发现，从即时制游戏与回合制游戏两个方面，来揭开公元前游戏的面纱吧。

2.1.1 最早的即时制游戏范例——陶陀罗

陶陀罗，于 20 世纪下半叶在中国北方的各大新石器时代遗址中都有发现，而其中最早的三个，出土自距今已有 6300—6800 年历史的西安半坡遗址[7]（图 2.1.1 和图 2.1.2）。

图 2.1.1 西安半坡遗址中出土的陶陀罗照片

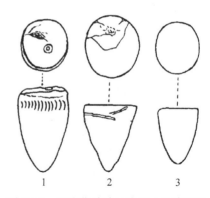

图 2.1.2 西安半坡遗址中出土的陶陀罗

陶陀罗，由于其呈上宽下窄的圆锥形，曾被长期误解为新石器时代生产工具"陶纺轮"的一种。直到 20 世纪 90 年代末，它的真实用途才被西安半坡博物馆的王宜涛研究员发现[8]。

王宜涛研究员指出，西安半坡遗址、商县紫荆遗址等地出土的陶陀罗，有一种特有的**螺旋纹沟槽**（图 2.1.3），这是游戏者使用专用工具——陀螺鞭抽打陀螺时所用。宋代的《武林旧事》以及明代的《帝京景物略》中，都有对陀螺和螺旋纹沟槽的记载。并且，螺旋纹沟槽这一陀螺的经典设计，连同"抽陀螺"的传统游戏一起，一直流传至今。

半坡遗址中出土的陶陀罗大小长短不一，纹路各异。细长的陶陀罗，容易抽打，只要鞭子抽打部位大致正确，就可以保持旋转，然而转速较慢；而短的陶陀罗，转速很快，但不容易抽打，需要精准的抽打操作，才可以保持高速旋转，可这样的陀螺却更具有观赏性。可见，早在汉字尚未被发明的新石器时代，我们的祖先们就熟练掌握了陶陀罗的游戏技巧，进而掌握了陶陀罗的设计和制造原理，对二者之间的关系也有深刻的认识。无疑，陶陀罗已经是一个高度发达的成熟游戏了。

直到今天，陀螺游戏，依旧作为中国传统游戏的代表，被继承和发扬着（图 2.1.4）。

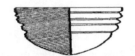

图 2.1.3 陶陀罗的螺旋纹沟槽   图 2.1.4 重庆少年抽陀螺

图片来源：重庆市摄影家协会，2013 年 3 月 18 日

2.1.2 回合制游戏的起源与早期形式

1. 乌尔王族局戏与四面骰子

幼发拉底河和底格里斯河流域，史称美索不达米亚地区。这片肥沃的土壤里，孕育了人类最初的文明之一——苏美尔文明。四千年前，幼发拉底河和底格里斯河的入海口处，曾有过一座美丽的海滨城市——乌尔。《圣经·旧约全书·创世纪》记载，犹太人的祖先，也是犹太教、基督教、伊斯兰教共同的先祖——亚伯拉罕，就诞生在这里。人类历史上最早的有文献记载的王朝之一——乌尔第一王朝，也于公元前 2600 年，在这里傲然挺立。

乌尔第一王朝为今天的我们留下了诸多遗产，譬如雄伟的古墓和城邦遗迹、无数的楔形文字石板。但我们今天要提到的，则是世界上已知最早使用骰子的桌面游戏——《乌尔王族局戏》（*Royal Game of Ur*，图 2.1.5）。

乌尔王族局戏于 20 世纪 20 年代出土自乌尔第一王朝的代表性遗迹——乌尔王族古墓（the Royal Tombs of Ur），游戏道具装饰华丽，应该为贵族娱乐所用。据大英博物馆网站记载，整个游戏，由画有 20 个格子的棋盘、14 枚棋子（双方各 7 枚）以及 3 个不同颜色的四面骰子组成。

本游戏的规则在古墓中没有记载。但根据著名桌面游戏研究者**罗伯特·查尔斯·贝尔医生**（Robert Charles Bell，1917—2002）推测 [1]，它属于"**掷赛游戏**"（*race game*），即通过骰子将棋子移动到终点以取得游戏胜利的游戏类型。贝尔医生还进一步将游戏的详细规则推测了出来，认为其除了具有掷赛游戏的传统规则外，还具有"蛇形前进"的棋子特殊移动规则；另外，当棋子前进到敌方棋子所在的格子时，将会把对方棋子踢出场；等等。

现代版四面骰子如图 2.1.6 所示。

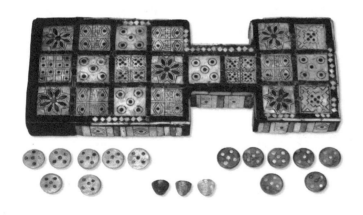

图 2.1.5　乌尔王族局戏

图片来源：大英博物馆（British Museum）特供图片，
授权编号 FI-000787577，博物馆展品编号 120834。

图 2.1.6　现代版四面骰子

2. 塞尼特与长棒型骰子

与之相近的游戏，还有古埃及文明的**塞尼特（Senet）**（图 2.1.7）。塞尼特最早的考古实物，经测定属于古埃及第一王朝时期（公元前 3100 年左右），比乌尔王族局戏还早了500 年以上。

塞尼特在某种意义上是乌尔王族局戏的雏形，因为虽然塞尼特也属于掷赛游戏，规则甚至与乌尔王族局戏大体相同，但它所用的棋盘更加简单，并且未能拥有成熟的骰子系统。现有的塞尼特，是使用一种类似铅笔形状的，拥有数个面的长棒道具代替骰子的功能的[10]（图 2.1.8）。但毫无疑问，这种长棒，就是骰子的前身。

图 2.1.7　塞尼特①

图 2.1.8　现代版长棒型骰子（四个一组）

塞尼特和乌尔王族局戏，都被认为是一直流传至今的著名游戏、上古掷赛游戏的集大成者——**双陆（backgammon）**的前身。

3. 使用最广泛的游戏道具——正方体六面骰子的起源和发展

现有的正方体六面骰子是怎样起源的呢？这就要从羊距骨说起了。掷距骨，或称掷羊

---

① 出土自阿蒙霍特普三世（Amenhotep Ⅲ）陵墓的塞尼特版本，现藏于布鲁克林美术馆（The Brooklyn Museum）。

拐骨、掷髀石，是一种历史悠久的儿童游戏。羊距骨（图2.1.9），由于天然的类长方体形状，可以掷出四个不同的面，所以是一种天然的游戏道具。目前，已有充足的文献和考古证据表明，在古希腊、古埃及、古巴比伦以及我国上古时期，以羊距骨作为游戏道具的游戏形式曾经广泛存在。

图2.1.9 羊距骨

羊距骨对游牧文明的影响尤其大。在中国北方，早在秦汉时期的鲜卑和匈奴墓中，就常发现羊距骨。北魏鲜卑墓、辽代契丹墓、金代女真墓、明清墓都有随葬的狼、牛、狍、羊的距骨。甚至，还有金、玉、铜的距骨工艺品。这些羊距骨的工艺品和羊距骨本身，都被叫作**髀石**。据《辽史·卷68·表第6（游幸表）》记载，辽穆宗应历六年（956年），"（辽穆宗）与群臣冰上击髀石为戏"。又有《元史·卷1（本纪第一）·太祖本纪》记载，"复前行，至一山下，有马数百，牧者唯童子数人，方击髀石为戏。纳真熟视之，亦兄家物也。始问童子，亦如之。"[11]

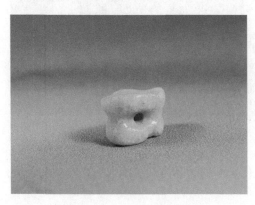

图2.1.10 金代玉制髀石

金代玉制髀石如图2.1.10所示。

我国历代正史对游戏的记载不够全面，所以羊距骨类游戏的规则在很长一段时间内都处于不明状态。直到明末，描述北京地区风俗民情的权威著作《帝京景物略》才有了这样的描述："是月羊始市，儿取羊后胫之膝之轮骨，曰贝石（即髀石），置一而一掷之。置者不动，掷之不过，置者乃掷；置者若动，掷之而过，胜负以生。其骨轮四面两端，凹曰真，凸曰诡，勾曰骚，轮曰背，立曰顶骨律。其顶岐亦曰真，平亦曰诡。盖真胜诡负而骚背闲，顶平再胜，顶岐三胜也。其胜负也以贝石。"[2] 可以看到，这是一种双人对战游戏。双方轮流投掷羊距骨到对方的羊距骨上，然后根据碰撞后双方羊距骨朝上的面决定胜负关系。羊距骨天生的"凹、凸、勾、轮"四面，甚至有了独立的叫法"真、诡、骚、背"。

2011 年，蒙古族学者柏嘎力在对苏尼特蒙古部的羊距骨游戏展开的专题研究中，记录了该部族 120 种以上的原生态羊距骨游戏玩法，其中设计收集与交换、对战与抢夺、解谜与对弈等羊距骨游戏玩法一应俱全。另外，羊距骨的每个面，同样有专有的、历史悠久的蒙古名字。[13]

因此，我们有充分的证据证明，羊距骨在人类发展的早期阶段，曾作为一种重要的游戏道具，在远古社会中广泛存在，并且，在游牧民族的文化体系中，一直保存到了今天。

而在农耕文明中，羊距骨就变成了更加方便、精美的人造游戏道具——骰子。骰子的"骰"字本身，便是它脱胎自骨头的证明。

让我们把视角转回美索不达米亚平原。与后世的希腊类似，苏美尔文明是以城邦群的形式存在的，在公元前 3000 年左右，整个两河流域就分散着 12 个城邦国家。苏美尔人连年征战，战争的规模越来越大，导致自己的力量不断被削弱。终于，就在乌尔第一王朝结束之后不久，阿拉伯人与犹太人的祖先——闪米特人，在领袖萨尔贡一世的带领下，从北部城市阿卡德起兵，征服了整个美索不达米亚，在公元前 2334 年，建立了人类历史上第一个帝国——**阿卡德帝国**（Akkadian Empire）。

阿卡德帝国开创了人类历史上同一文明区域内统一帝国的先例，为我们留下了无数宝贵的物质与精神财富。而他们在游戏上的成就也同样不菲，人类历史上最早的六面骰子（图 2.1.11），就出土于阿卡德墓葬。然而遗憾的是，阿卡德的游戏还停留在掷赛游戏的早期阶段，并没有能够利用六面骰子发展出更加先进、成熟的游戏玩法。

4. 六博——桌面游戏走向成熟的一个例子

游戏玩法的完善会催生游戏道具和制作技术的革新，而游戏道具的进步也会直接催生更加先进的游戏玩法。六面骰子出现后的一千年，在中国游戏**六博**中，终于有了全然不同于掷赛游戏的、更加复杂的游戏玩法，以及令人惊艳的十四面骰子（图 2.1.12）。[1]

图 2.1.11　阿卡德帝国六面骰子（焙烧黏土制）　　　　图 2.1.12　秦十四面骰子（茕）

1981 年文物出版社出版的《云梦睡虎地秦墓》一书称，湖北云梦县睡虎地遗址第 11 号、第 13 号秦墓出土的六博棋局（图 2.1.13），年代为秦昭襄王 51 年（公元前 256 年），是现存最古老的六博棋局。该棋局中，便发现了十四面骰子"茕"。[2]

---

① 1976 年于陕西临潼秦始皇帝陵区毛家村出土。
② 藏于纽约大都会艺术博物馆（Metropolitan Museum of Art）。

图 2.1.13　东汉六博对局陶俑

六博是一种精致的掷赛游戏，而且具有鲜明的中国文化特色，虽然它的规则和玩法已经湮没在漫漫的历史长河中，但作为中国游戏的先驱者之一，它值得我们永远纪念。

思考题

据《说文》记载，传说六博游戏起源于夏朝。史记也有提到商朝时帝武乙与天神玩六博的故事，可见六博也是一种历史悠久的游戏[14]。并且在漫长的历史中，六博的玩法有过一系列发展变化，但具体游戏规则现已失传（图 2.1.14）。

你能通过网络或其他途径查找资料，加上自己的推断，尽量还原或描述六博的规则吗？你能对六博所代表的中国上古游戏文化加以了解，描述六博所用的三种不同骰子的名称和形状吗？

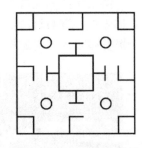

图 2.1.14　六博棋盘简图

2.2　近现代以前的游戏

本节介绍的是从公元 1 世纪到 18 世纪的游戏历史。

游戏经历了漫长、缓慢的早期发展阶段，在人类社会的中古时期，终于走向成熟，迎来了历史上的**第一次大发展时期**。

与远古、上古时期的游戏普遍因玩法和规则不合理、不完善被淘汰，**绝大多数失传**不同，中古时期的游戏往往经历了长时间的发展完善，**游戏规则成熟精练，游戏形式规范，游戏道具剔除了冗余部分，能够直接反映规则的核心，并且娱乐性也有了很大增强**——中古时期的游戏，确实变得更好玩了。

中古时期，种种经典游戏也**开始大规模传播**，跨国甚至跨文明的游戏形式比比皆是。但这些广泛流传的游戏，形式、规则却又往往能够保持某种程度上的统一，这不能不说是人类文明史上的奇迹。

双陆、围棋、象棋、扑克游戏等游戏作品，就是这一时期游戏的代表。

而在欧洲进入中世纪时期，中国经过连年战乱被外族统治、思想文化被程朱理学主导以后，游戏在世界范围内都遭到了主流社会，尤其是封建统治阶级和宗教势力的误解、排斥甚至压迫。游戏的第一次大发展时期便在此结束了。大量精美的游戏作品遭到封杀，甚至因人为原因导致失传，逐渐消失。这不能不说是一大遗憾。

但是，无数热爱游戏的玩家和游戏设计师，以种种办法，保留了大批游戏作品，并**书写了各种游戏研究著作**，让这些诞生于数百上千年前的游戏，得以流传至今。并让它们在18—19 世纪，在那个游戏迎来解放的年代，成为下一次游戏大发展的宝贵火种。

那么，让我们以一个经典游戏——双陆为轴，揭开这个波澜壮阔的时代的面纱吧。

2.2.1 双陆——古代全球游戏史的缩影

双陆（backgammon[①]），是古代掷赛游戏中，最为知名、流传最广的游戏形式。

双陆被公认为脱胎自前文所述的塞尼特、乌尔王族局戏，其规则、形式是在二者的基础上，经过一定的发展完善，在罗马帝国前期（公元前 27—200 年）初步成型的。史料记载，古罗马人这时爱玩一种叫作"**十二条线**"（XII scripta 或 Ludus duodecim scriptorum）的游戏（图 2.2.1），规则与后来的双陆大致相同[13]。这证明双陆的规则已经基本形成了。

图 2.2.1　公元 2 世纪的罗马"十二条线"石质棋盘

但与今天形式一致的双陆游戏还没来得及在罗马帝国出现，西罗马帝国便灭亡了，而欧洲也进入了漫长的中世纪。双陆的发展因此陷入了沉寂，它以今天双陆的面貌出现在历史舞台的时候，已经是在 11 世纪的法国了。

欧洲双陆的历史有着 600 年左右的空白，以至于我们根本无法得知今天的双陆规则是在什么时候形成的。而双陆在法国有着时代较早、较为详细的文字记载，很大程度上也是

---

① "gammon"在中古英语中有"游戏"之意，所以 backgammon 即"后退的游戏"。该词最早在 1650 年的《牛津英语词典》中出现。

因为绰号"圣路易"的法国国王路易九世（Louis Ⅸ）在 1254 年颁布的著名法令——《禁止全国官员进行双陆游戏》[16]。这不能不说是一大讽刺。

在欧洲进入中世纪，游戏的发展陷入停滞之时，中国正处于南北朝后期到唐宋时期（公元 5 世纪后半—13 世纪）的繁荣时代。这时，双陆在中国开始流行起来。

双陆在中国除本名外，还有"握槊""长行""双六"等名称。它传入中国的经历众说纷纭，但普遍认为是在东汉末年从印度传入。据宋代百科全书《事物纪原》[17]载："双陆，刘存、冯鉴皆云魏曹植所制。考之北史，胡王之弟为握槊之戏。进入中国，又考之竺具，双陆出天竺，名为**波罗塞戏**。然则外国有此戏久矣，其流入中国则自曹植始之也。"这里提到的印度游戏"波罗塞戏"（Prasak①），由于古印度史料的大量缺失，现形式、规则均已不可考。然而考虑到掷赛游戏发源自中东地区，那么古印度同罗马帝国一样，在公元初年从中东地区得到此游戏，再于东汉年间向中国传播，在逻辑上是比较可信的。

双陆在中国的第一次大规模流行始于唐朝。盛唐时期，双陆风靡一时，连武则天、唐玄宗都非常喜欢。《唐国史补》记载武则天梦见与大罗天女打双陆，局中只要有武则天的棋子，就会被打回起点，走不到想要走的位置，频频输给天女。狄仁杰则告诉她说是"双陆不胜，无子也"。劝说是上天用棋子来警示武则天[18]。宋元话本小说《梁公九谏》中的第六谏、《狄仁杰传》《天中记》《渊鉴类函》也有类似的故事。

唐朝时，由于双陆广泛流行所带来的影响，**系统的游戏文化开始形成**。唐代著名画家周昉就曾作有《杨妃架雪衣女乱双陆图》（描绘杨贵妃游玩双陆，已失传）、《内人双陆图》（图 2.2.2）等一系列记载双陆的画作。此外，诸多唐传奇小说中，也有对双陆的记载。但可惜的是，由于双陆于明朝时在中国消失，这些记载今日往往被误解成"下围棋"或者"下象棋"。

图 2.2.2 [唐] 周昉 内人双陆图（局部）②

---

① 梵文为 प्रासक——作者按。
② 现藏于美国华盛顿特区弗利尔美术馆（Freer Gallery of Art）。

由于封建社会统治阶级对游戏的压迫，曾经一度发达且独具特色的中国古代游戏文化大都在明清两代消失，只有很小部分能够被保存下来。不得不说，这是游戏史的遗憾，更是中国文化的遗憾。

　　在中古时期的阿拉伯世界，双陆也遭到了被压迫的命运。伊斯兰教六大部圣训之一的《艾布·达乌德圣训集》中就有穆罕默德说"玩双陆棋是违抗真主及其使者"的记载[14]。可以想见，双陆在阿拉伯世界也同样遭到了毁灭性的打击。

　　但是，即使双陆在世界各地的社会生活中，纷纷遭到被压迫、被打击的命运，却依旧有着无数热爱游戏的人们，试图以自己的力量保全它们。在 13 世纪具有地下传播意味的德国诗歌古抄本《马内赛古抄本》（*Codex Manesse*）就曾经以彩绘的方式，详细描绘了游玩双陆的情景（图 2.2.3）。在以内容大胆、充满着对天主教会的讽刺而闻名天下的 12 世纪诗歌古抄本《布兰诗歌》（*Codex Buranus*）中，也把玩双陆的情景（图 2.2.4）和其他"离经叛道"的故事一起，收录了下来。此时，双陆，也成为对教会和统治者的反抗的象征。

图 2.2.3　《马内赛古抄本》（*Codex Manesse*）中的双陆对局图 [20]　　　图 2.2.4　《布兰诗歌》（*Codex Buranus*①）中的双陆对局图

　　在伟大的文艺复兴到来之前，以双陆为代表的游戏，与诗歌、绘画一起，成为中世纪的黑暗时代里，始终不灭的一盏明灯（图 2.2.5）。在思想被禁锢的年代里，它为人们点燃着希望之火，保留着热情和跃动的心。在文艺复兴的洪流到来时，它也迅速复苏，丰富了人们的生活，活跃了人们的思想，为人类的思想解放做出了一份贡献。

　　官方压制，社会歧视，都没能真正让游戏消失，更不可能阻挠游戏复兴的步伐。在文艺复兴启蒙运动两次思想解放之后，经过席勒、斯诺宾莎等哲学、文艺学家的努力（参见 2.3.2 节），游戏终于得到了解放。欧洲的玩家们，终于可以光明正大地玩双陆、研究双陆了（图 2.2.6）。

---

　　①　拉丁文原文为 *Carmina Burana*。

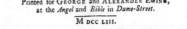

图 2.2.5 瑞典著名风帆战舰瓦萨号（The Vasa）　　图 2.2.6 在都柏林出版的双陆研究专著[21]
　　　　 上的双陆棋（1628 年）

思考题

　　今天，双陆这个人类最古老的世界级游戏，也拥有了世界级的赛事——世界双陆棋锦标赛（World Series of Backgammon，WSOB），WSOB 更于 2010 年开展了第一个网络大赛赛季。古老的双陆游戏，焕发了新的生机。

　　上网查阅双陆规则资料，学会双陆的玩法，并登录 Board Game Arena 等桌游对战平台（图 2.2.7），与同学进行双陆对战。

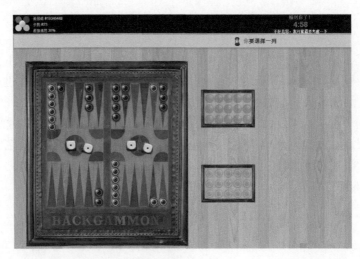

图 2.2.7 双陆线上对战示例（Board Game Arena）

2.2.2 近现代以前的游戏研究——游戏研究的先驱时代

1. 古代的游戏研究——一笔带过的负面评价

游戏作为人类生活的重要组成部分，在文化领域占有重要地位。然而，游戏作为一种以娱乐为最终目的的纯粹活动，在学术界一直得不到应有的重视。对游戏的研究论述，在中古以前的中国并不多见，而在古希腊，也只有柏拉图、亚里士多德等哲学家曾对游戏予以关注，在他们的著作中，有关于游戏的少量论述，但均以负面评价为主。

在此仅举一例，柏拉图曾有过"游戏是劳作后的休息和消遣，本身不带有任何目的性的一种行为活动。……幸福决不在消遣和游戏之中"①的论述，反映了古希腊时期学术界对游戏的认知。

2. 中古时期的游戏研究——从东亚到西欧

真正从游戏的规则、形式、样态方面进行的系统、专门的游戏研究，是从中古时期开始的。

宋朝时，有双陆的专题研究著作《谱双》问世。《谱双》记载了东亚、东南亚、南亚、西亚等地共十五种双陆玩法。书中，作者还对各种不同的双陆棋盘形制和布局规则做了系统的研究[23]。该书是由南宋著名爱国重臣洪皓之子**洪遵**所著，洪皓一家因在靖康年间护国有功而名满天下，是士大夫阶层的翘楚，洪遵本人更是 1142 年的大宋状元。洪遵能够写作该书，足以说明双陆在宋朝的流行曾达到过怎样的高度。但同样可惜的是，该书在后世也随着双陆一起，在中国消失了。

几乎是同一时期，伊比利亚半岛的卡斯蒂利亚王国（Kingdom of Castile②）有位以博学著称的国王"智者"**阿方索十世**（Alfonso X the Wise），也写了一部游戏研究著作《**游戏之书**》（*Libro de los juegos*，即 *Book of Games*）③（图 2.2.8）。

作为欧洲中世纪最有学问的国王，为写作该书，他从当时娱乐文化兴盛的阿拉伯国家搜集了大量游戏样本和素材。不仅如此，他还亲自监工，动用了相当多的人力、物力，在他的写作室（Scriptorium）里绘制了大量描绘游戏对局的插图。他的精心写作，使得完成于 1283 年的该书成了古代西方游戏史最重要的著作之一。

该书分为象棋与桌面游戏（主要是使用骰子的桌面游戏）两个部分，堪称最早的游戏分类学实践。在象棋部分中，他研究了上百个国际象棋谜题、定式和若干个象棋变体规则。而在桌面游戏部分中，他像洪遵一样，也介绍了双陆和欧洲、中东双陆的变体规则[24]（图 2.2.9）。

洪遵与阿方索十世，两人的生活年代整整相差一百年，而且分别生活在欧亚大陆的最东端与最西端，不可能知晓对方的存在，但他们**一位是中国状元、一位是欧洲国王**，却在**那个游戏只是由中东向亚欧大陆各地单向扩散传播的时代，以极为相似的方式，针对同样的游戏作品，进行了同样的研究**。从文化史角度来说，在缺少文明间的文化交流的中古时代，

---

① 英文文本为 "After the game is the work of the rest and recreation, for any purpose with itself an act of sexual activity." 文献 [22]。

② 卡斯蒂利亚王国是现代西班牙王国的前身，西班牙语为 Reino de Castilla。

③ 又译作《对弈集》，古西班牙语正式名称是 Libro de axedrez, dados e tablas，即"象棋、骰子和桌面游戏之书"。

图 2.2.8 阿方索十世《游戏之书》
（ *Libro de los juegos* ）内页

图 2.2.9 《游戏之书》（ *Libro de los juegos* ）
象棋谜题与双陆变体游戏

图 2.2.10 成恩元《敦煌碁经笺证》[26]

能够以不同的语言，不同的写作方式，针对相同的文化载体，做出同样的研究，这不得不说是人类游戏史和文化史的奇迹！

3. 中国游戏研究的核心——围棋研究

双陆、象棋之外，让我们看看围棋的研究。围棋在中国文化中拥有琴、棋、书、画"四艺"之一的崇高地位，所以自秦汉以来，中国便有着大量的围棋研究著作。相传最早的围棋专著《围棋势》成书于西晋年间，拥有二十九卷的规模。而现存最古老的围棋专著是《敦煌碁经笺证》（图 2.2.10），成书于北周年间，现存七篇半，实际上是一部更大规模的《碁经》的序文，主要介绍了围棋行棋的规律和方法 [25]。

北宋时，大学士张拟著有《棋经十三篇》，分为论局、得算、权舆、合战、虚实、自知、审局、度情、斜正、洞微、名数、品格、杂说等十三篇，将围棋理论研究提升到了一个新的高度。其中涉及围棋战略战术的篇章，至今还影响着我国围棋界。

清朝前期，我国围棋研究又到达了一个高峰。出现了徐星友的《兼山堂弈谱》和施襄夏的《弈理指归》等作品，此外，自唐代诞生以来一直独立发展的西藏围棋，也出现了名为《密芒吉单居》（即《藏棋之理论》）的理论研究著作。可惜的是，清中后期围棋在中国逐渐式微，人才凋零，围棋研究一度依靠日本、韩国的努力才得以延续。

文艺复兴以后，游戏研究在西方达到了一个高峰，并且与其他领域的文化研究一样，具有鲜明的现代性。

思考题

针对某个感兴趣的古代游戏，在游戏规则、游戏策略或游戏文化方面，对其进行研究分析，并试写 800 字以上小论文。

2.3　近现代的游戏

本节介绍的是从公元 19 世纪到 20 世纪中期（电子游戏出现之前）的游戏历史。

游戏，在西方社会经历过文艺复兴、启蒙运动两次思想解放之后，开始向着规范化、系统化的方向发展，各类游戏作品在精密程度和复杂性上有了大幅提高。游戏，开始进入第二个大发展时代。

这一历史阶段，由于人类社会生产力的发展，生活水平的提高，尤其是**工业社会中，城市人口密集、闲暇时间平均分配的特质，使得游戏终于从贵族走向平民，玩家数量大量增长，专业的游戏比赛大量出现，**有些还具有世界级的影响力。随之，大量以游戏为生的职业游戏玩家、选手也开始涌现。竞技和游戏，正是在这个时代开始变得密不可分。

这一历史阶段，**现代桌面游戏（tabletop game）开始产生并兴起，它从规则和理念上奠定了电子游戏诞生和发展的基础。**

这一历史阶段，**很多游戏作品，如即时制的足球、篮球，回合制的《地产大亨①》（Monopoly）等开始世界性流行，并成为当代人类文化的重要一环。**

这一历史阶段，**全面、系统的游戏研究开始大量出现。**而尤其需要关注的是，与古代学者倾向于否定游戏不同，**主流学术领域对游戏的评价也开始正面化、客观化。**

让我们以一个这一历史阶段诞生的，对后世具有重大影响的经典游戏作为范例，来了解这个承前启后的时代吧。

2.3.1　承前启后的《地产大亨》——现代桌面游戏的先驱者

桌面游戏（tabletop game，可以简称为桌游）在广义上，是一切以桌子或类似平面作为游戏载体，拥有实体道具且不使用电力的、具有一定程度策略性的游戏作品的总称②。

桌面游戏大体上拥有棋盘游戏（board game）、卡牌游戏（card game）、骨牌游戏（tile-based game）、使用骰子的其他游戏（dice game）、线下角色扮演游戏（role-playing game）、沙盘战争模拟游戏（miniature wargaming）等各种形式。本章之前介绍的，从乌尔王族局戏、塞尼特到围棋、双陆的各类游戏作品，都属于桌面游戏。

人类社会生产力的发展，生活水平的提高，使得游戏玩家和对游戏感兴趣的人们不断增多，尤其是工业社会中，城市人口密集、闲暇时间平均分配的特质，又使得**人们需要与**

---

① 本处采用内地官方译名，但香港译名"大富翁"更加广为人知。

② 定义参考了笔者认为最简洁严谨的——美国桌游玩家校际联合会（Collegiate Association of Table Top Gamers，CATTG）的定义加以完善和修改。参考网址：http://www.cattg.org/about/.

身边的人共同娱乐。传承上千年的**古典桌面游戏**，由于策略性较强，往往娱乐性不足，又脱离时代的发展，不再能够满足这一时代的需要。人们迫切需要的是，内容轻松休闲、策略性适中，而又有鲜明时代特征的新游戏。

而这一时期工业水平的提高，也使得桌面游戏的设计和生产工艺有了很大的进步。尤其是现代印刷技术和塑料的发明，使得**游戏道具的复杂度和精细度**有了大幅提升，但成本又降低了。这非常有利于桌面游戏的普及。

文化需求和生产力都准备就绪，新的桌面游戏作品就必然会应运而生。《地产大亨》就是这样一个划时代的游戏。

1.《地主游戏》——别出心裁的经济学教具

《地产大亨》最早的非正式雏形可以追溯至 19 世纪中后期。而它的第一个拥有正式专利的游戏原型是 1904 年的《地主游戏》[①]（*The Landlord's Game*）（图 2.3.1），由女经济学家

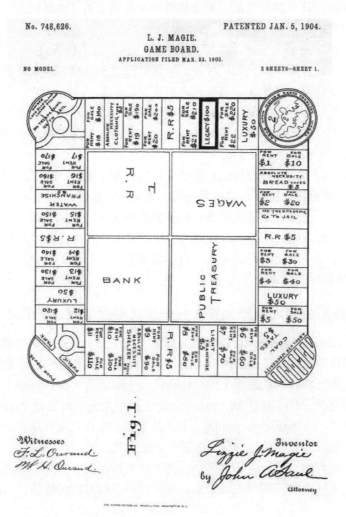

图 2.3.1 《地主游戏》（*The Landlord's Game*）棋盘设计图

---

① 美国专利编号 U.S. Patent 748626。

Elizabeth Magie[①]设计，设计目的是为了阐释左翼经济学家亨利·乔治（Henry George）的学说[②]。

《地主游戏》继承了双陆等传统掷赛游戏最常用的**带有起点/终点的矩形棋盘和双骰子行棋规则**，但创造性地不再以"到达终点"作为胜利条件，而是借助带有**"地产格"的棋盘**和**多种游戏道具（模拟钞票、房子等）**，构建了一个模拟房地产交易的经济系统。玩家走到空地产格，投资购买地产，而走到他人所有的地产格，要支付地租。地租会随着时间的推移不断上涨，加剧了地产投资的成本，反复循环直至有玩家资金归零，破产退出游戏。这样的游戏，在某种程度上反映了资本主义地产经济的特性，具有鲜明的时代特征。但因为《地主游戏》本身只是 Magie 的教具，规则没有强调娱乐性，加上并未投入广泛商业化，所以并不流行。

2.《地产大亨》

1935 年，在美国经济陷入低谷的大萧条时期，继承《地主游戏》设计理念的《地产大亨》，终于横空出世（图 2.3.2）。玩具业巨头孩之宝公司（Hasbro, Inc.）改进了《地主游戏》的规则和道具体系，用"Monopoly"[③]的新名字，大张旗鼓地推向市场。在信贷体系崩溃、失业率暴增的大萧条时代，无数城市居民生活陷入困顿，却有大量时间与家庭成员一起进行游戏。在这样的情况下，一个带着"垄断"这样一个人们最痛恨的名字的游戏，无疑是极为吸引眼球的。值得一提的是，改进《地主游戏》使其成为《地产大亨》的设计师 Charles Darrow，就是一位在大萧条中失业的工程师。

《地产大亨》在大萧条和之后的第二次世界大战时期，在西方国家广泛流行（图 2.3.3）。究其原因，是因为《地产大亨》比起《地主游戏》**在规则的精密程度、合理性和娱乐性方面，有了更大的提升**。《地产大亨》创造了精密的地产交易规则，仅举一例——首创**地产区域**概念，占领一个区域的玩家，可以提升房屋等级，建造旅馆收取更多租金，这一设定影响了现代的诸多电子游戏。游戏还首开了"监狱"和"机会卡"系统，使游戏的**随机性和娱乐性**大大增加。此外，《地产大亨》在**游戏数值方面精确严谨**，无论是经过起点处得到的资金数额，还是每个地产区域、每个地产格的价格，甚至机会卡的奖励数值，都进行了精心设计。因此，这个游戏的平衡性完美，策略性适中，具有丰富的可玩性，令人百玩不厌。

《地产大亨》不仅很好地**继承了古典桌面游戏的规则传统**，作为现代桌面游戏中最著名、影响力最大的游戏，它还**深刻影响了之后电子游戏的发展**。在规则和玩法设计方面，它强调数值策划的作用，**注重娱乐性与策略性的平衡**，并通过**制造随机事件**来为游戏过程增加不确定性的设计思想，具有鲜明的现代性，为后世的电子游戏设计提供了榜样。

《地产大亨》诞生已有 80 余年，被翻译成 37 国文字的版本，在 103 个国家发售并流行至今，使得它催生了最早的现代游戏文化。比如在美国，"四个房子一个旅馆"（Four houses one hotel）的童谣家喻户晓。而今天流行的世界版《地产大亨》的每一个地产格的

---

①　全名为 Elizabeth "Lizzie" J. Phillips née Magie（1866—1948），游戏设计师和经济学家，绰号"Lizzie"更加广为人知，出现在多种文献中。

②　即"乔治主义"——每个人拥有他们所创造的东西，但是所有由自然而来的东西，尤其是土地，都属于全人类共有。地租上涨不创造社会的总财富，只是一种财富分配的手段，使得那些房地产所有者获得暴利，而这些钱原本是应该属于整个社会的。《地主游戏》的设计正是为了说明这一点。

③　即"垄断"之意，《地产大亨》的英文原名。

图 2.3.2　1936 年《地产大亨》
美国标准版示意图

图 2.3.3　"二战"时期英国使用的纸质
《地产大亨》轮盘①

代表城市，是在 2008 年经过数百万人参加的全球投票选拔才决出的②。中国台湾版《地产大亨》的格子，也经历了这样的投票予以选拔。可见《地产大亨》对游戏文化的发展和"游戏"这件事物的社会地位提升，是有很大促进的（图 2.3.4）。

图 2.3.4　1935—2005 年，发售于 7 个国家的 12 个《地产大亨》版本

---

①　战争时期《地产大亨》依旧流行，但塑料作为战略物资无法用于游戏道具制造，故使用纸质轮盘代替骰子。

②　资料来自在中国大陆发售的《地产大亨现代电子银行：世界版》包装盒。原文为："自 2008 年 1 月 23 日开始，全球数百万《地产大亨》迷们即开始了一场争夺国土的荣誉之战。如今，在脱颖而出的 22 座城市中，加拿大的蒙特利尔获得选票最多，将被放置在游戏道路上土地价值最高的板块之上，而中国台北也在国人们的力挽狂澜下，在世界版图上争得一席之地。我们希望所有《地产大亨》的玩家们可以通过他们自己的投票，来设计这次的世界版图，然后在这个版图上，尽情享受游戏所带来的乐趣。"

思考题

找出两到三个感兴趣的现代桌面游戏，与同学一起玩，分析和讨论它们在游戏规则设计上的特征。

2.3.2 近现代的游戏研究——游戏研究领域的思想解放

19—20 世纪是游戏大发展的时代，这种大发展，除了有生产力、生产方式发展的原因外，也与主流学界对游戏的评价的正面化、客观化有关。

游戏研究领域的思想解放，是从启蒙运动时期的德国著名诗人、哲学家席勒（Johann Christoph Friedrich von Schiller，图 2.3.5）写于 1795 年的《美育书简》（*On the Aesthetic Education of Man in a Series of Letters*）开始的。席勒在这本书里说："**人类在生活中要受到精神与物质的双重束缚，在这些束缚中就失去了理想和自由。于是人们利用剩余的精神创造一个自由的世界，它就是游戏。这种创造活动，产生于人类的本能。**"[27]

席勒眼中的游戏世界是超然于现实的，是符合人类的文化理想的，是美好而自由的，并且最重要的是——它是人类本能必需的。席勒从人类本性层面出发，对游戏进行了高度的认可。这标志着，**人类社会从此真正开始正视游戏，解放游戏。**

19 世纪末，精神分析理论的开山鼻祖、著名心理学家弗洛伊德（Sigmund Freud，图 2.3.6）在《超越唯乐原则》（*Beyond the Pleasure Principle*）里，提出了"**游戏的对立面不是工作和劳动，而是现实世界……所以，游戏是通过虚拟的想象，来满足现实世界的欲望**"[28]的观点，打破了"游戏与劳动对立，是无意义的消耗"这个曾经广泛流行于东西方的错误观念。

图 2.3.5　弗里德里希·席勒（1759—1805）和他的签名

图 2.3.6　弗洛伊德（1856—1939）

并且，弗洛伊德将游戏研究引入心理学领域，使得游戏从那时至今，一直是心理学研究的重要课题。借助心理学的东风，"游戏对人的影响"这个研究领域，在当代被研究得较为透彻。

荷兰著名历史学家约翰·赫伊津哈（Johan Huizinga，图 2.3.7）在 1938 年所写的《游戏的人》（*Homo Ludens*），是西方现代游戏研究的重要著作。它讨论了游戏在文化和社会中所起的重要作用。作者认为，游戏是文化的本质，它对现代文明有着重要的价值。他还旗帜鲜明地断言："**文明在游戏中诞生，并且以游戏的面目出现。**"第一次从人类文明史的角度，肯定了游戏对人类文明的决定性影响。他还进一步肯定和发展了席勒的观点："人只有在游戏中才最自由、最本真、最具有创造力，游戏是一个阳光灿烂的世界。"[29] 这个观点影响了后世非常多的研究者。

另外，分析心理学创始人卡尔·古斯塔夫·荣格（Carl Gustav Jung，图 2.3.8）对游戏娱乐性的成因分析也值得一提。他认为**游戏给人带来快乐的过程是**"**动力、压力和压力的释放**"。这是非常经典的论断，代表着游戏心理学这一研究领域的发展水平。

图 2.3.7　约翰·赫伊津哈（1872—1945）　　　　图 2.3.8　荣格（1875—1961）

从 19 世纪到 20 世纪中叶，无数热爱游戏、推崇游戏的研究者，前赴后继地研究游戏，论述游戏。经过一百多年的努力，他们终于使游戏在历史上的地位和在人们心中的地位牢不可破。从而，从社会文化上，为下一个"全民游戏"的时代的到来，铺平了道路。

思考题

"电子游戏＝电子海洛因"的观念自 20 世纪 90 年代以来，一直影响着中国社会，你赞同这种观点吗？为什么？游戏对于你而言，是怎样的一件事物？

请应用现代游戏研究理论，对"电子海洛因"观念加以分析，并试着描述你心目中的"游戏"。

2.4　电子游戏的产生与发展

20 世纪中期，第三次科技革命爆发，电子计算机技术开始发展并逐渐成熟，游戏也随之有了大的变化。借助电子计算机技术存在和运行的游戏形式开始出现，我们称之为电子游戏。

电子游戏是游戏史上最重要的游戏形式。首先在游戏的规则上，电子游戏借助计算机的运算处理能力，加速游戏的运行速度和交互速度，使得从前必须借助人手和道具进行的冗长游戏过程，可以由计算机快速完成。因此，更加丰富的游戏玩法、复杂的系统和精密的数值体系，都可以在电子游戏中存在。千变万化的游戏规则和玩法开始出现。[①]

其次，在游戏的形式上，电子游戏借助计算机的空间处理能力，让游戏可以在虚拟空间中存在，使得游戏的运行方式不再受地球重力和现实空间影响。因此，游戏可以在自由的空间中以更自由的方式存在和运行。游戏终于可以不只在棋盘、桌面、球场上运转，无论是像纸一样的二维世界，还是像外太空一般的失重空间，都可以在电子游戏中出现。千奇百怪的游戏形式层出不穷。

最后，在游戏的样态上，电子游戏借助计算机的图形处理能力和崭新的显示技术，让游戏拥有更加强大的动态表现力，直接从感官上带给玩家前所未有的震撼体验。

电子游戏使游戏有了质的飞跃，使游戏进入了**第三次大发展时代**。游戏正是从电子游戏时代开始，具有了全方位的吸引力。游戏玩家的数量规模呈几何级数上升。这一时期，游戏终于成为人类最重要的艺术形式之一。

2.4.1　早期的电子游戏——实验室里的先驱者

1. 最早的电子游戏

人类历史上的第一个电子游戏，是一项美国的专利技术——"**阴极射线管娱乐装置**"（**cathode ray tube amusement device**）。该专利由小汤玛斯·T. 金史密斯（Thomas T. Goldsmith Jr.）与艾斯托·雷·曼（Estle Ray Mann）于 1947 年 1 月 25 日申请并于 1948 年 12 月 14 日颁布[②]。该设计描述用了八颗真空管以模拟导弹对目标发射，包括使用许多旋钮以调整导弹航线与速度。因为当时电脑图形无法以电子化显示，小型目标被画在单层透明版上，然后覆盖在 CRT 显示器上。

该游戏"操控导弹飞行并击中目标"（导弹当时还是非常先进的武器形态）的玩法相对复杂成熟，甚至比之后二三十年的电子游戏都更加精细有趣。然而它出现得太早，只能以实验性作品的形态存在，运行在当时庞大的大型电子管计算机（图 2.4.1）上，没有任何普及的可能。比较遗憾的是，在小型化的集成电路计算机出现之后，两位作者没能改进和革新这部游戏作品，使得它在电子游戏大发展的时代被湮没在历史的洪流之中。然而，它的名字，是值得我们永远铭记的。

被誉为计算机科学之父的阿兰·图灵（Alan Mathison Turing），以及编程语言最早的设计者克里斯托弗·斯特雷奇（Christopher Strachey），都曾经在 1950 年之前，编写过象棋程序；亚历山大·S. 道格拉斯（Alexander S. Douglas）也在 1952 年制作了具备图形显示的井字棋游戏 OXO（图 2.4.2）。他们三人都为古典游戏的电子化作出了贡献。

---

① 例如《龙与地下城》一类的传统角色扮演类游戏，在使用桌游道具和角色书时，整个游戏过程需要数十天甚至更久，而借助电脑游玩只需要几小时就能完成。电子游戏的出现，使得很多原本没有实现可能的、复杂的游戏创意能够成为现实。

② 专利号 U.S. Patent #2，455，992。

图 2.4.1　20 世纪 40 年代庞大的电子管计算机

2.《双人网球》——第一个真正意义上的电子游戏

第一个从游戏规则到游戏运行上、真正意义上的电子游戏到 1958 年才出现。这就是《双人网球》（*Tennis for Two*）（图 2.4.3），该游戏由纽约布鲁克海文国家实验室（Brookhaven National Laboratory，BNL）的物理学家 William Higinbotham 设计及制作。游戏展现了一个网球场的侧视图，两名玩家分处屏幕左右两端，把球击向对方。这是第一个使用完全图形显示和第一个具有与主机相分离的两个游戏控制器以及相应的对战功能的电子游戏。在某种程度上，它定义了电子游戏的基本形态，后世的电子游戏，尤其是家用机游戏，至今还在沿袭着这一模式。

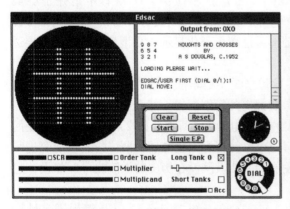

图 2.4.2　*OXO* 在模拟器上的运行
（左上角为游戏点阵画面）

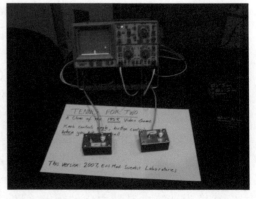

图 2.4.3　《双人网球》（*Tennis for Two*）
2007 年展览版

3.《宇宙战争》——第一个走出实验室的电子游戏

1961 年，麻省理工学院（Massachusetts Institute of Technology）的学生史蒂夫·罗素（Steve Russell）等人，在学院的 DEC PDP-1 计算机上开发了一个名叫《**宇宙战争！**》（***Spacewar!***）（图 2.4.4）的对战游戏。在这个游戏里，两名玩家需要各自控制一架可发射导弹的太空飞行器争取击毁对方，而画面中央则有个为飞行器带来巨大危险的黑洞。该游戏最终在新型 DEC 计算机上发布，并曾经在早期的互联网上发售。《宇宙战争！》同样制作了专用的游戏控制器，并且更接近后来的控制器样式，它被认为是第一个在科学界之外具有一定影响力的电子游戏。并且，《宇宙战争！》还为新形态电子游戏的诞生做出了巨大的贡献。

图 2.4.4 《宇宙战争！》(*Spacewar!*)

早期电子游戏虽然几乎只存在于实验室中而不为人所知，然而，它依旧在电子游戏的技术理论、设计、制作乃至商业化等很多领域，为电子游戏最早的商业化形态——**街机游戏**（**arcade game**）的诞生奠定了基础。

思考题

请查找资料，举出一个课本中没有提到的，1970 年之前诞生的电子游戏作品，展示它的游戏画面，并描述它的规则和玩法。

2.4.2 街机游戏——商业电子游戏崭露头角

1. 街机游戏的诞生——诺兰·布什内尔与雅达利

前文提到的《宇宙战争！》作为一个技术成熟，玩法新颖的游戏，在美国计算机工程师圈子中口口相传，传播范围和影响力越来越大。20 世纪 60 年代末，在犹他州立大学（University of Utah）电子工程专业就读的**诺兰·布什内尔**（**Nolan Kay Bushnell，1943—** ）在学校的实验室里玩到了这个游戏，那是他第一次接触电子游戏。与其他的工程师喜欢从技术角度分析游戏软件不同，敏锐的诺兰，意识到了《宇宙战争！》可能具备的商业潜力。

图 2.4.5 《电脑空间》(*Computer Space*)

1971 年，诺兰在《宇宙战争！》的基础上，设计了一个叫作《电脑空间》(*Computer Space*)的游戏（图 2.4.5）。它的规则和玩法与《宇宙战争！》大同小异。两个玩家各自控制自己的宇宙飞船用导弹攻击对方的宇宙飞船，但具有引力的场所由屏幕中央的黑洞变成了移动的星体。然后，他把一台预装好《电脑空间》的电脑，装上外壳和可以投币控制的开关，放在了一家提供弹珠游戏的酒吧里。这就是**世界上第一台商用投币式电子游戏机**，也就是我们所说的街机（Arcade）。

《电脑空间》出品的年代，引发美国科幻热潮的《星球大战》系列还没有上映，所以玩法复杂、操作困难的《电脑空间》无论是在题材还是在游戏内容上，都并不讨人们的欢心。在那个社会大众从未见过电子游戏的时代，理所当然地没有取得太大成功。

但是，诺兰·布什内尔没有气馁，他坚信电子游戏绝不仅仅是计算机技术的领域，它也一定具有巨大的商业价值。基于这个想法，诺兰不但没有放弃，反而进行了更大的投入。1972 年 7 月 26 日，他与同事泰迪·达布尼（Ted Dabney）在加州的森尼韦尔创建了**人类历史上第一个电子游戏公司——雅达利（Atari, Inc.）**（图 2.4.6）。"Atari"一词，来自于日语中的围棋术语"当たり（叫吃）"。[30]

　　早在雅达利建立之前几个月，诺兰就聘请了大学毕业不久的计算机工程师艾伦·奥尔康（Allan Alcorn）来帮助自己开发游戏。与当时的绝大多数工程师一样，艾伦并没有电子游戏的开发经验，所以诺兰为他布置了一项带有训练性质的开发任务——设计并开发一个带有"一个移动的点，两块板子和计分板"的游戏。奥尔康马上就依据这条命令，制作了他的、也是雅达利的第一个游戏《乓》（Pong）。《乓》的玩法非常简单（图 2.4.7）：两名玩家控制两条线（模拟击球板），将画面中的白点（模拟球）击打到对方一侧，如对方无法挡回，便得一分，首先得到十一分的玩家获胜。

图 2.4.6　雅达利的商标

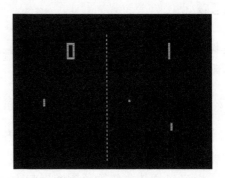

图 2.4.7　《乓》游戏画面

图 2.4.8　《乓》第一版街机框体②

《乓》比《电脑空间》操作更加亲民，规则更加简单，画面更加精炼，仅有的音效，只是清脆的击球声"乓"。可以说，《乓》比当时世界上出现过的所有电子游戏都要简陋。然而，诺兰依然坚持让奥尔康开发下去，这时，他说了一句名言："没有人愿意为了玩一个游戏去看一本百科全书。①"大概是《电脑空间》的失败，让他调整了自己的方向，改为开发"让人一眼看去就知道该怎样玩"的游戏。

　　奥尔康不负所望，迅速摸索出了开发电子游戏的方法，在雅达利正式成立一个月之后的 1972 年 8 月，他就开发完成了《乓》，随后，诺兰带领雅达利员工们把它制作成了街机，放在了当地一个叫安迪·卡培（Andy Capp）的酒吧里。如图 2.4.8 所示，这台街机所有的控制器，只有两个旋钮，没错，就是今天音箱上用来调节音量的旋钮。《乓》里面击球板的移动，是通过旋钮控制的。可以说，这是一个刚刚接触三秒之内，就可以弄懂的游戏。

① 原文为：Nobody wants to read an encyclopedia to play a game.
② 藏于美国威斯康星州内维尔公立博物馆（Neville Public Museum of Brown County）。

在街机摆放在酒吧的第二天，老板便打来了电话："你们用来玩的机器出故障了，一个币都投不进去！"诺兰连忙赶过去，打开机箱，他发现，所谓的投不了币是因为，他的机器里面，早就被 1200 个 25 美分硬币塞满了！原来，这个游戏在一天之内，就征服了酒吧的客人，还让很多从来不去酒吧的人，专程来到安迪·卡培酒吧，仅仅为了一睹《乒》的芳容！

雅达利的第一个游戏《乒》，以令人不可思议的方式取得了成功。截至 1973 年，他们就收到了 2500 台的订购单，而 1974 年，这个数字更是增长到了 8000 台，其中还包括许多来自海外的订单。《乒》在出现后的几年间，是大众能玩到的唯一的电子游戏，也正是在《乒》之后，电子游戏才为人们所知，才开始拥有市场价值。可以说，**《乒》和雅达利，缔造了电子游戏产业。**

但是，由于雅达利前期资金不足和申请专利的进度较慢，雅达利的市场被抄袭者占领了一大部分，《乒》的山寨版也是电子游戏史上最早的盗版游戏。据诺兰·布什内尔本人估算，美国市场的《乒》街机只有不到 1/3 是由雅达利生产的。因为专利被他人捷足先登提前申请，雅达利无法把这一问题诉诸法律手段解决，他们只能通过进一步创新，维持自己在电子游戏市场的领先地位，这直接促成了**家用游戏机（ame onsole）**的兴盛（参见 2.4.3 节）。

值得一提的是，鼎鼎大名的苹果电脑创始人史蒂夫·乔布斯（Steven Paul "Steve" Jobs）和斯蒂夫·盖瑞·沃兹尼亚克（Stephen Gary "Steve" Wozniak），都曾是雅达利公司的游戏开发工程师。1974 年，他们两人一同合作，仅用四天时间就完成了一个诺兰设计的游戏的开发，这就是后来风靡一时的"打砖块"的雏形——《突出重围》（*Break Out*）。在这个游戏里，玩家需要控制一个圆球（囚犯）滚动撞击上方的平板（墙壁），滚动速度越快则撞击的破坏力度越大。本作还首次加入了斜角度的物体运行概念，圆球反弹到两侧的墙壁上可以造成连锁撞击效果。随着平板被逐渐消除，圆球滚动的速度也会加快，变得越来越难以掌控，而当障碍物完全清除后，游戏会自动切换到难度更高的下一个版面。没错，《突出重围》是游戏史上**第一个具备"关卡（level 或 stage）"系统的电子游戏**（图 2.4.9），

图 2.4.9　乔布斯和沃兹尼亚克开发的游戏《突出重围》框体及海报

由于关卡的不断变化，简单的游戏系统被赋予了不断变化的丰富可玩性。而且，这款游戏还是历史上非常早的、拥有故事背景设定的电子游戏，这个故事背景相当离奇，主题为一个被捕入狱的囚犯试图突破警察设置的层层关卡逃出生天。

1976 年，诺兰·布什内尔以 2800 万美金的价格将公司卖给了华纳集团（Warner Communications）。在雅达利开始转向家用游戏开发之后，研发街机游戏的脚步开始慢了下来。这时，来自日本的街机新星升起了。

2. 旭日东升——太东和《太空侵略者》

图 2.4.10 太东的商标

1973 年初，曾发明了抓娃娃游戏（Crane Game）的、日本最大的街机游戏会社太东集团（Taito Corporation，图 2.4.10）[①]，与另一家街机业的著名企业世嘉（现名 SEGA Games Co., Ltd.）[②] 共同获得了《乓》的代理权。《乓》在日本同样大获成功，这时，太东的硬件工程师**西角友宏**破解了《乓》街机的技术，但与其他人不同的是，他没有进行简单的抄袭和复制，而是在理解了《乓》的技术和创意的基础上，努力设计属于太东自己的原创游戏。很快，他就在 1973 年 11 月，制作了太东第一个、也是**日本第一个电子游戏《足球》**（*Soccer*），这个游戏一度由代理商出口到美国，并在美国取得了商业成功。

而后，西角友宏又在 1974 年中期开发出了**日本第一个赛车类电子游戏《高速赛车》**（*Speed Race*）（图 2.4.11），该作品还开创了使用方向盘进行控制的先河，进一步开拓了街机游戏的领域。随后，在 1975 年，他又制作了续作《高速赛车 DX》（*Speed Race DX*）和日后成为美国 1978 年最佳游戏的《西部枪手》（*Western Gun*），都是大获成功的名作。短短 4 年间，西角友宏就帮助太东成长为日本第一、世界第三的著名游戏巨头。

图 2.4.11 《高速赛车》框体及海报

---

① 日语原名 "太東貿易株式会社"，1972 年改名为株式会社 TAITO（タイトー，与 "太東" 同音），在此采用原名作为汉语译名。创始人和社长是日本籍犹太人米哈依尔·科根（Michael Kogan）。
② 日语原名 "株式会社セガ"，现名 "株式会社セガゲームス"。

1977 年，太东又拿到了前文中乔布斯和沃兹尼亚克制作的《突出重围》的代理权。在公司内第一时间玩到《突出重围》的西角友宏，被这个游戏简单却深邃的乐趣和"关卡"的创意深深震撼了。《突出重围》的创作思路也让西角支密意识到，过去几年里他不知不觉陷入了创作的误区——他和同事们曾经不惜血本地试图通过提升游戏的画面和音效来增加游戏乐趣，然而大洋彼岸的设计者却反其道而行之，画面简陋的《突出重围》所体现的丰富乐趣完全压倒了《高速赛车》等高成本作品。这让他决心变革，利用最先进的技术和最领先的设计理念，创造真正拥有独创性乐趣的划时代作品。他向公司申请从美国采购了一块当时最先进的、应用了大规模集成电路技术的 8080 街机基板进行研究，并花了半年时间，从零开始学习汇编语言。

在一位天才完成了一切准备后，伟大的作品也必将因他而诞生。1978 年 6 月，一个足以改变游戏史的游戏作品《**太空侵略者**》(*Space Invaders*)，终于经西角友宏之手横空出世。游戏利用 8080 基板的动态表现力和当时最先进的开发技术，描绘了人类抵抗军消灭侵袭而来的外星侵略者的场景。

与 7 年前诺兰·布什内尔制作《电脑空间》的时代不同，此时电影《星球大战》刚刚上映不久，宇宙空间与外星人题材正是炙手可热的时候，《太空侵略者》也顺应这股潮流，别出心裁地设计了各种章鱼、蝙蝠外形的外星人形象，惟妙惟肖。

外星人们以纵 5 横 11 的矩形列阵，组成庞大的侵略军团，从屏幕上方缓慢向下方玩家的基地进军，不时还会发射炮弹攻击。而玩家控制的人类飞船要借助四个堡垒作为掩护，躲避外星人的攻击，并找机会还击，把外星人军团全部消灭，以进入下一个关卡。不要小看这个好像很平常的系统，这是电子游戏中，**第一次出现能够主动攻击玩家的敌人**。这样的崭新玩法和动态表现是前所未见的，再加上评价借这股"科幻热"的东风，一炮而红。本作在游戏系统上的创新还包括每币三条命的生命系统，可破坏的掩体系统等。

随后，在 1979 年，西角友宏又制作了《**太空侵略者第二版**》(*Space Invaders Part Ⅱ*)，添加了对电子游戏具有里程碑意义的**积分和排行榜系统**。《太空侵略者第二版》(图 2.4.12)以 24 小时为一个循环，每天自动排列出游戏积分的排行榜，并且可以记录玩家的姓名，大大激发了玩家的竞争意识。

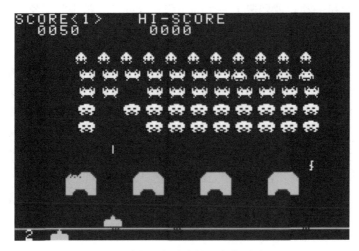

图 2.4.12　《太空侵略者第二版》游戏画面

《太空侵略者第二版》采用的桌面型迷你街机框体的设计，使之得以迅速进入遍布日本街头巷尾的咖啡屋和家庭餐厅，由此完全激活了电子游戏消费市场。1979年9月，《太空侵略者》系列达到了空前的鼎盛时期，根据警视厅的调查报告显示，该时期日本全国的电子游戏市场街机保有规模约28万台，其中《太空侵略者》系列产品就占有23万台，完全呈现空前绝后的市场独占景象。而1979年，TAITO的年营业额达到了762亿日元，比前一年增长了600%，其营业收入约91%来自《太空侵略者》系列产品，该社一举成为全球最大的街机游戏发行商（同年度日本第二大街机厂商世嘉的营业收入仅103亿日元）。而北美游戏发行商MIDWAY于1979年末独占代理了《太空侵略者》在北美地区的发行权，推出仅一个月累计营业收入即达到了850万美元，创造了美国街机游戏框体月平均收入1700美元的最高纪录。MIDWAY于是全力追加生产，最终《太空侵略者》在北美累计发售了7.3万块基板。敏锐的诺兰·布什内尔也把它移植到了雅达利刚刚发售的主机雅达利2600上，获得了500万套的惊人销量，拓展了家用游戏机的市场，不过那是后话了。[31]

此外，《太空侵略者》系列不仅向世人证明着电子游戏市场的活力和规模，还影响了一批后世的游戏设计精英们。游戏设计大师宫本茂就曾表示，在玩到《太空侵略者》之前对电子游戏从不感兴趣，是这部作品让他走向了游戏设计之路。刚刚加入任天堂（Nintendo Co., Ltd.）[①]的宫本茂第一个制作的便是借鉴《太空侵略者》的《太空狂热》（スペースフィーバー），这也是任天堂的第一个电子游戏作品。另一家著名游戏厂商卡普空（CAPCOM Co., Ltd.）的创始人辻本宪三，正是玩了《太空侵略者》之后，才萌生了建立游戏公司的想法，并创立了卡普空的前身IRM（アイ・アール・エム株式会社）的。

3. 南梦宫和吃豆人

在《太空侵略者》之后，**街机游戏的黄金时代（ golden age of arcade video games ）**开始，街机游戏市场被完全打开，大量的优秀作品如雨后春笋般层出不穷。南梦宫（NAMCO LIMITED,图2.4.13）[②]的《吃豆人》（*Pac-Man*），便是其中的代表。

图 2.4.13 南梦宫的商标

1979年的一天，南梦宫的游戏设计师**岩谷徹**在吃比萨的时候，看到了自己桌面上缺了一角的比萨饼，他灵机一动，就创造了一个嘴一张一合的"大脑袋"形象。这就是吃豆人的原型。随后，他为吃豆人设计了在一个屏幕大的迷宫地图内一边来回走动吞咽丸子，一边躲避幽灵攻击的游戏玩法——而在吃到大丸子的时候，可以变身反咬幽灵，这也被视作游戏史上**第一个角色升级系统**。鉴于太东和世嘉在街机游戏业的领先地位很难动摇，而当时的电子游戏玩家90%以上都是男性玩家，岩谷徹便出心裁地想要拓展女性玩家市场，从而赢得先机，于是他便把吃豆人和游戏中的幽灵设计成Q版的可爱形象，配上了黄、红、粉、蓝、橙多种鲜艳的色彩（这在从前的电子游戏中是很少见的），连加分道具都变成了水果和蛋糕。

1980年5月22日，南梦宫把制作完成的《吃豆人》推向了市场（图2.4.14），他们始料未及的是，《吃豆人》比《太空侵略者》获得了更为巨大的成功。在发售后的7年间，《吃

---

① 日语原名为"任天堂株式会社"。
② 日语原名为"株式会社ナムコ"。

豆人》街机版取得了 293 822 枚正版框体的销售业绩，**被吉尼斯认证为"最为成功的街机游戏机"**的世界纪录 [32]。《吃豆人》进一步推动了街机黄金时代，刺激了更多企业和人才进入电子游戏领域。此外，它还标志着电子游戏的创作重心开始从美国向日本转移。

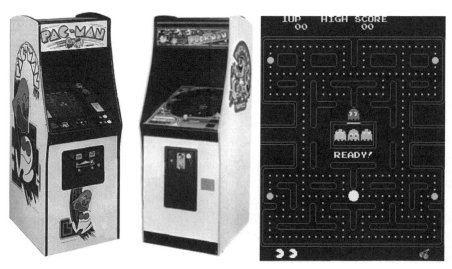

图 2.4.14　《吃豆人》街机框体和游戏画面

不过，《吃豆人》对电子游戏更为重要的功绩是，它获得了文化领域的全球影响力，真正**缔造了电子游戏文化**。1982 年 9 月，美国汉娜 - 巴伯拉动画（Hanna-Barbera Productions，Inc.）制作了以吃豆人为主角的动画作品**《吃豆人秀》**（ *The Pac-man Show* ），在美国大获成功，复制销售量超过 100 万套，并获得了哥伦比亚唱片公司（Columbia Records）颁发的金唱片奖（Golden Disk）。这是历史上第一个大获成功的游戏改编的文艺作品，它的成功，推动了更多游戏作品开始改编创作，使电子游戏文化得以发展壮大。吃豆人也成为**第一个拥有广泛影响力的游戏角色**。

2010 年 5 月 22 日，谷歌为纪念《吃豆人》诞生 30 周年，将其首页的谷歌商标换成《吃豆人》的游戏场景（图 2.4.15），用户可以通过键盘的方向键进行游戏。除游戏画面中暗含由 "Google" 字样组成的障碍外，游戏真实还原了原著中的音效和音乐。美国时间管理网站 "拯救时间"（Rescue Time）发布的报告称，全球企业员工花在这款谷歌《吃豆人》游戏上的时间超过 482 万小时 [93]。而 2015 年，向 20 世纪 80 年代街机游戏致敬的美国电影《像素大战》（ *Pixels* ）（图 2.4.16），也把吃豆人作为反派主角。《吃豆人》诞生 35 年后，依旧是电子游戏文化的象征。

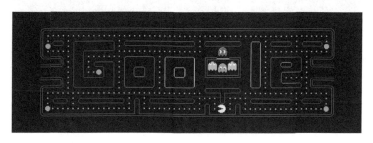

图 2.4.15　谷歌《吃豆人》游戏画面

4. 走向王者之路——任天堂和《大金刚》

在电子游戏史上，还有另一款街机游戏不得不提，这就是 1981 年任天堂（图 2.4.17）发售的、人类历史上最著名的游戏设计师**宫本茂**的作品《**大金刚**》(*Donkey Kong*)。

图 2.4.16 《像素大战》电影海报　　　　　　图 2.4.17　任天堂的商标

在这个游戏里，玩家需要扮演一位水管工跳跳人（Jumpman），跳过场景里的不断滚来的水桶，躲过火焰、锤子等障碍物，爬上一层层梯子，从大猩猩"大金刚"的手里拯救跳跳人的女友保琳（Pauline）。玩法简单有趣，具有里程碑意义的是，这是游戏史上**第一个可以进行跳跃动作的游戏**。

《大金刚》上市之后，取得了不错的业绩，在北美和日本合计发售了超过 10 万台左右的街机框体（图 2.4.18），销售额共计 2.8 亿美元 [34]。但是，《大金刚》的影响力之深远，并不是因为游戏本身。

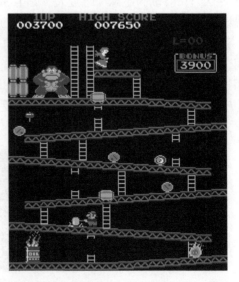

图 2.4.18　《大金刚》街机框体和游戏画面

《大金刚》是任天堂第一个成功的电子游戏作品，该作的成功，让任天堂这家拥有百余年历史的日本传统玩具公司，在电子游戏领域拥有了坚实的基础。之后，他们坚定了在电子游戏领域持续发展的决心，而任天堂在电子游戏产业上的巨大投入和不断创新，推动了电子游戏领域的几次重大变革，加速了电子游戏领域的发展步伐。

　　《大金刚》是天才设计师宫本茂的第一个原创作品。它的一炮而红，不仅提升了宫本茂本人的创作信心和热情，还使得保守的任天堂愿意给他的团队提供更多的资源和协助，让他很多超前和惊人的创意得以实施和贯彻。这让他最终成为世界级的伟大设计师，此后缔造了一个又一个划时代的游戏作品。

　　《大金刚》是人类历史上最伟大的游戏角色的诞生地。一个在几年之后席卷全世界，深刻影响了整个游戏领域的游戏角色就诞生在这个游戏里。我们将在下一节揭开他的神秘面纱。

　　街机游戏作为电子游戏的第一个成熟形态，具有里程碑式的意义，在 20 世纪 80 年代前期，街机游戏达到了鼎盛，专业的街机厅遍布世界的各个角落，在社会生活的公共领域中，人们已经习惯了游戏的存在。而下一阶段，随着技术的进步、游戏设备成本的降低，游戏就必然从公共领域进入私人领域，从街机厅走向家庭，更加深入地影响每个人的生活。

思考题

　　在 20 世纪 80 年代中期，街机的黄金时代结束，但此后依旧有很多重要的街机游戏作品，对整个电子游戏领域产生了影响。

　　请从下列游戏中选择或自选一个游戏，分析它的历史意义。

　　《铁板阵》（*Xevious*），1983

　　《街头霸王 2》（*Street Fighter 2*），1991

　　《VR 战士》（*Virtua Fighter*），1993

　　《山脊赛车》（*Ridge Racer*），1993

2.4.3　家用机游戏——电子游戏的中流砥柱

　　2012 年 11 月 15 日，美国《时代》杂志公布了"人类历史上最伟大的 100 个电子游戏"（All-TIME 100 Video Games）名单，其中，家用游戏机（Game Console）原创游戏就占了51 个（其余 49 个游戏中，PC、街机大体各占一半），如果算上曾经登录过家用机的游戏作品，那么这个榜单里，有 90 个以上的游戏都是家用机游戏 [35]。

　　从 20 世纪 80 年代中叶到 2011 年前后这将近 30 年的时间里，家用机游戏都一直在电子游戏领域居统治地位，它的玩家人数最多，游戏作品阵容最丰富，市场规模最庞大；而划时代的重要游戏作品，在家用机上也出现得最多。可见，家用游戏机是电子游戏最重要的平台。家用游戏机的产生和发展，在电子游戏的发展史上具有重要的意义。那么，让我们在本节把风起云涌的家用游戏机时代呈现给大家。

　　1. 第一世代家用游戏机

　　人类历史上的第一个家用游戏机是美国电子厂商米罗华（Magnavox）于 1972 年 5 月公布，8 月发售的**奥德赛（Odyssey**，图 2.4.19），它几乎与雅达利的《乓》街机版是同一时刻出现的。值得一提的是,诺兰·布什内尔正是玩了奥德赛发布会上的网球游戏,才开发出了《乒》[36]。

图 2.4.19 奥德赛机身、游戏卡带及控制器

奥德赛发售的时候,个人电脑(Personal Computer)还未出现,将完整的计算机缩减至小型家用电器的体积,使其可以连接电视机使用,还要保证成本在一般家庭可接受的范围内,几乎是无法实现的。所以,奥德赛没有搭载中央处理器(CPU),机器结构只保留了最低限度的游戏性能——只可以在电视上**显示两到三个由玩家控制移动的白色光点**。是的,只有光点,没有图形、没有文字、没有声音。就连光点的移动,还是通过一个只能控制水平方向的旋钮和另一个只能控制垂直方向的旋钮,以一种非常脱离常识的方式控制的。

那么,游戏该如何进行呢?奥德赛的发明者拉尔夫·亨利·贝尔(Ralph Henry Baer)别出心裁地设计了彩色的塑胶贴纸贴在屏幕上,作为游戏的"画面",由玩家控制光点在其中移动,从而进行各种游戏。而因为游戏不能显示文字,游戏的文字部分被印在了卡牌上,而数字和分数部分使用骰子、筹码、玩具钞票等常用的桌游道具表示。图 2.4.20 中的儿童游戏《西蒙说》(Simon Says),就是一个由一位玩家翻动印有人体、动物各种部位的纸牌,另一位玩家将光点移动到纸牌所指部位的游戏,得分是使用塑料筹码记录的。

图 2.4.20 奥德赛游戏《西蒙说》的 "画面" 和奥德赛的配套游戏道具

奥德赛没有中央处理器，只能显示黑白画面，并且不具备技术意义上的更换游戏功能，这些都是**第一世代家用游戏机**（**first-generation video game consoles**）的特征。

奥德赛上的游戏非常原始、简陋，奥德赛主机也只发售了 33 万部，未能大规模流行。然而，作为电子游戏的先驱者之一，它第一次把电子游戏带入了家庭，带到了人们的客厅，把"电子游戏可以在家里玩"的理念，深深根植在人们心中。

在奥德赛发售的三年之后，雅达利推出了**家用版《乓》**（**Home Pong**），这是一款只能运行《乓》的家用游戏机（图 2.4.21）。虽然只能玩一款游戏，但是它做到了完美复制《乓》的游戏体验。家用版《乓》和奥德赛一样，同样属于第一代家用游戏机。

家用版《乓》取得了一定成功，但早期的游戏市场非常混乱，抄袭、仿制处于无人监管

图 2.4.21　家用版《乓》

的状态，几年内，家用版《乓》的山寨品就超过了 100 种。而更令人瞠目结舌的是，《乓》类家用游戏机的专利竟然被一家叫作 Coleco 的厂商获得，仅他们卖出的山寨《乓》游戏机就超过 100 万台[37]。相比之下，雅达利的正版游戏机只在最开始的 1975 年圣诞商战卖出了 15 万台，之后的发售量并不多。所以诺兰·布什内尔决定向公司新东家华纳寻求资金支持，创造全新的、拥有划时代意义的游戏机，从而彻底把抄袭者们甩在后面。

2. 雅达利的巅峰——雅达利 2600

20 世纪 70 年代中期，诺兰从硅谷招募了一批有才能的工程师，以"Stella"为代号，开发了一款带有完整的 8 位 CPU，具备更换游戏卡带功能，可以连接彩色电视、显示彩色画面的游戏机。这款游戏机经历了研发经费短缺和华纳接管雅达利等一系列事件，终于于 1977 年 12 月 11 日正式在北美发售，这就是具有划时代意义的**雅达利 2600**（**Atari 2600**[①]）。

图 2.4.22 这张 1981 年的海报，就生动地介绍了雅达利 2600 的种种特性：多种多样的游戏卡带，带有摇杆的分离式游戏控制器，像街机游戏一样的彩色画面和音效。更重要的是，雅达利借由雅达利 2600 的游戏卡带系统，打破了游戏与机身绑定——买游戏就是买游戏机的定律，**开创了游戏主机和游戏软件分开销售的商业模式**，从而开启了**第二世代家用游戏机**（**second-generation video game consoles**）的序幕。

游戏软件独立销售的商业模式，使得希望制作游戏的厂商和开发者不再需要背负昂贵的游戏机研发费用和极高的市场风险，可以依托雅达利 2600 这个成熟的、大众化的平台

---

① 在 1982 年之前，称为 Atari VCS（Video Computer System）。

图 2.4.22　1981 年的雅达利 2600 海报，展示了移植版《吃豆人》的画面

进行游戏发行，这一点大大降低了游戏行业的准入门槛（图 2.4.23）。对于电子游戏产业，这是一次**生产力的解放**。很快，历史上的第一个第三方游戏软件厂商——**动视（Activision Publishing，Inc.）**便在 1979 年成立了，随后，大量的游戏软件厂商开始出现，游戏作品也层出不穷。而对于玩家来说，雅达利一家公司的游戏本就无法满足需求，这样一来，有了更多的游戏选择，玩家的消费欲望就会不断增加。在两方面的共同作用下，**电子游戏的市场规模迅速扩大。**

图 2.4.23　历史上第一个冒险类电子游戏《冒险》（*Adventure*）的游戏画面（雅达利 2600）

雅达利 2600 一经推出，整个美国便为之倾倒。仅 1981 年，雅达利 2600 的销售额就突破了 10 亿美元，1982 年更是接近 30 亿美元。它整个生命周期的全球总销量突破了 3000 万台 [38]。这是电子游戏历史上第一次创造了千万级别的游戏机销量。在游戏软件方面，

全球各地共有 2687 个游戏作品在这个平台上发售。在 20 世纪 80 年代前期，雅达利在整个电子游戏产业都处于支配性的绝对领先地位。

但雅达利的成功背后，也孕育着危险的阴影。雅达利 2600 平台前期主要依靠移植市场上比较受欢迎的街机游戏维持游戏阵容，而后期为鼓励游戏制作，带动平台赢利，雅达利允许众多游戏厂商随意开发游戏，随意登录雅达利 2600 平台，并不加以审核或限制。在雅达利的纵容之下，美国游戏厂商普遍重开发数量不重质量，"花 100 万美元做个好游戏可以赚 200 万美元，花 100 个 1 万美元做 100 个差游戏，当中也会有 1 个赚 200 万美元的"，在这种错误理念的导向下，当时雅达利游戏的质量每况愈下。最终，也影响到了雅达利自身。

1982 年，雅达利的母公司华纳看中了刚刚上映、大获成功的斯皮尔伯格电影作品——*E.T.*，希望可以将这一经典电影改编成游戏，以此抵御大批劣质游戏对市场的侵蚀。但 1982 年 7 月双方达成协议时，电影的版权方环球影业为华纳开出了非常苛刻的条件，要求雅达利在 1982 年圣诞节前发售游戏。这意味着，雅达利要在 9 月之前完成游戏的开发，开发时间只有一个半月，只是雅达利 2600 游戏平均开发时间的 20%。雅达利的资深游戏设计师霍华德·斯科特·沃肖（Howard Scott Warshaw）成功地完成了开发任务，但是，游戏的品质非常糟糕（图 2.4.24）。*E.T.* 拥有异常简陋的美工、与原作相背离的故事设定、令人难以忍受的音效，而在游戏核心玩法方面的问题更加严重——无论怎么操作，玩家绝大部分的游戏时间，都要反复重复掉进一个洞的过程，这使得这个游戏根本无法正常通关。

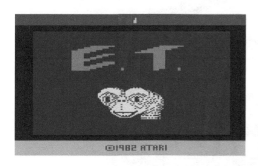 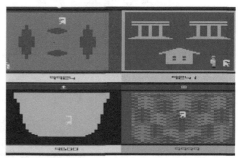

图 2.4.24　*E.T.* 糟糕的游戏画面（雅达利 2600）

在 *E.T.* 之前，消费者原本认为，第三方开发商开发的游戏总体质量比较差，但那些老牌厂商，尤其是雅达利自己制作的游戏是有质量保障的。但 *E.T.* 彻底摧毁了美国人对电视游戏的信心。随后的三年间，游戏产业迎来了史无前例的大萧条。整个北美游戏市场的规模从 1982 年的 30 亿美元锐减到了 1985 年的不到 1 亿美元，至少数十家游戏公司倒闭或退出游戏市场[39]。这次几乎使电子游戏产业在北美消失的事件，史称**雅达利休克（Atari Shock）**①。雅达利这家曾经统治游戏业的巨头也从此一蹶不振，基本退出了历史舞台。

3. FC 时代——任天堂的十年霸业

雅达利休克，证明了**电子游戏玩家群体和电子游戏市场日渐走向成熟，以及对低品质游戏的抛弃**。游戏市场需要走向规范化，游戏作品也需要向高品质方向迈进，一场行业自**律**运动，势在必行。游戏业呼唤着可以引领变局的新领导者，这时，任天堂站了出来。

---

① 另一个更加精准的表述是"1983 年电子游戏崩溃事件（The video game crash of 1983）"。

任天堂在电子游戏领域起步较晚，依靠《大金刚》取得初步成功时，已经是 1981 年，这时雅达利 2600、Intellivision[1] 等游戏机已发售几年，并且取得了骄人业绩。任天堂在家用游戏机市场上只有不可更换游戏的第一代家用游戏机 COLOR TVGAME，并且此时已经非常落后。因此，对游戏业前景满怀信心的任天堂总裁山内溥（1927—2013）决定开发一款先进的家用游戏机，并定下了野心十足的三大开发目标：①售价在 10 000 日元以下（最终没有完成）；②在三年内没有竞争对手；③可以直接运行《大金刚》。

在合作硬件厂商理光（Ricoh Company, Ltd.）和它旗下大量热爱游戏的年轻工程师的支持下，一款拥有 8 位 CPU 和专用图像处理器（PPU）的游戏机，很快就开发完成了。这就是著名的 **FC（Family Computer，或简称 FamiCom）**[2]（图 2.4.25）。1983 年 7 月 15 日发售的 FC 不仅拥有当时最佳的家用游戏机性能和最便宜的价格（14 800 日元），还拥有划时代的游戏控制器设计——位于手柄左侧的**十字方向键**[3]，这一设计，以后几乎被所有的家用游戏机所沿用。FC 也因此成为**第三世代家用游戏机（Third-generation video game consoles）**中最重要的机种。FC 的成功，不仅是因为它的性能和售价，更是因为它的游戏作品。

图 2.4.25　任天堂 Family Computer 第一版主机（型号 HVC-001）

FC 发售后的 1984 年，山内溥启用宫本茂作为新成立的任天堂游戏开发部门——第四开发部的负责人。在第四开发部，宫本茂同时启动了两个 FC 专用游戏开发项目，亲自担任制作人，并负责了绝大部分的玩法设计工作。这两部游戏，都是改变了整个游戏领域的划时代作品。

---

① Intellivision 是 Mattel 在 1979 年发售的家用游戏机。开发从 1978 年开始，比主要竞争对手雅达利 2600 晚不到一年。主机销量突破 300 万套，有 125 款游戏发行。

② 在华人圈俗称"红白机"，因日本版 FC 机身的红白配色而得名。欧美版本名为 Nintendo Entertainment System（NES），机身为灰黑配色。

③ 由时任任天堂第一开发部部长的著名玩具设计师横井军平（1941—1997）设计。十字方向键的原型诞生于任天堂的便携游戏机 Game&Watch。

还记得《大金刚》的主角跳跳人吗？他在 1983 年的街机游戏《马里奥兄弟》(*Mario Bros.*) 里，正式改名为马里奥（Mario），走向了成为游戏明星的第一步。而 1985 年 9 月 13 日发售的《**超级马里奥兄弟**》(***Super Mario Bros.***)[1]，更是让他成为一个传奇（图 2.4.26）。

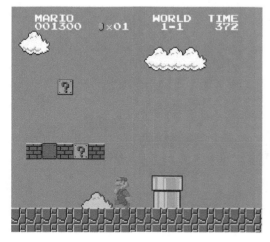 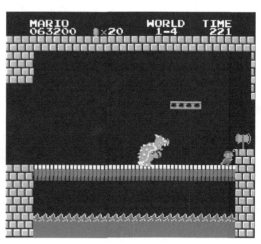

图 2.4.26 《超级马里奥兄弟》的游戏画面（FC）

《超级马里奥兄弟》讲述了住在蘑菇王国（Mushroom Kingdom）的水管工马里奥和他的双胞胎弟弟路易吉（Luigi）从带有龟壳的巨大恐龙库巴（Bowser）[2] 手里拯救被绑架的蘑菇王国碧琪公主（Princess Peach）的故事。游戏把阿尔法电子（Alpha Denshi Corporation）在 1981 年的街机游戏《跳跳虫》(*Jump Bug*) 中首创的**卷轴平台**（**scrolling platform**）[3] 玩法进一步发扬光大，融合了**跳跃、踩踏攻击、角色变身、多重组合关卡、道具收集、隐藏奖励、位置传送、迷宫、水下场景、Boss 战**等多种系统创新，加上精准的动作设计（参见第 6 章数值设计部分），使得本作成为完成度极高的集大成作品。

绝大多数第一次接触《超级马里奥兄弟》的玩家，都可以在 30 秒之内迅速懂得游戏的玩法，并且了解到游戏的核心乐趣所在。而想要达到比较高的水平，完成本作全部的 32 个关卡，没有数百小时的游戏时间积累又无法做到。"易于上手、难于精通"的关卡设计理念，使得本作的耐玩度得到了极大提高，最终成了长盛不衰的优秀作品。本作最终达到了惊人的 4024 万套全球销量[4]，**保持最畅销电子游戏的世界纪录长达 24 年之久**，直到 2009 年才被任天堂的另一个作品 *Wii Sports* 打破。

《超级马里奥兄弟》是电子游戏的象征，直至今日依旧影响着整个游戏领域。而马里奥也成了电子游戏界最耀眼的明星角色，是优秀游戏的代名词，绝大多数以马里奥为主角的游戏都拥有出色的品质，市场也给予了马里奥系列游戏高度认可——截至 2015 年，该系列共获得了超过 5.28 亿套的全球销量，**是世界上最受欢迎的游戏系列**[5]（图 2.4.27）。

---

① 日文原名为《スーパーマリオブラザーズ》，中文官方名称为《超级马力欧兄弟》，俗称"超级玛丽。
② 日文名为クッパ，音 Kuppa，故在华语圈一般译作库巴。
③ 在二维水平面上使用各种方式令游戏角色穿过障碍、到达终点的游戏方式。画面会随着角色的移动而平移。
④ 2004 年统计数据，未计算 Game Boy Advance 版和 Wii 系列平台的 Virtual Console 版的销量。
⑤ List of best-selling video game franchises，en.wikipedia.org，数据截至 2016 年 3 月 27 日。

宫本茂在 FC 平台的另一个游戏项目，是 1986 年 2 月 21 日发售的，历史上**第一个动作角色扮演游戏（action role-playing game，ARPG）**《塞尔达传说》（*The Legend of Zelda*）（图 2.4.28）。

 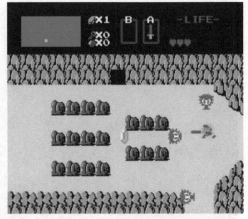

图 2.4.27 马里奥系列游戏角色全家福   图 2.4.28 《塞尔达传说》的游戏画面（FC）

该游戏讲述了主人公林克（Link）在海拉尔大陆（land of Hyrule）收集 8 个碎片，获得三角力量（The Triforce），从魔王伽农（Ganon）的手里拯救塞尔达公主（Princess Zelda）的故事。与《超级马里奥兄弟》的线性叙事结构相反，《塞尔达传说》**第一次展示了开放的游戏世界**。玩家可以在整个海拉尔大陆探索、冒险，**解决各类谜题**，收集道具和武器，根据自己寻找到的线索来推动故事发展，完成游戏任务。此外《塞尔达传说》还首创了**地图即时战斗和语音控制系统**，还是家用游戏机上第一个可以**保存游戏记录**的游戏，所有这些创新，在当时都是非常超前的。

作为角色扮演类游戏的标杆作品，《塞尔达传说》系列游戏共发售了 7557 万套（图 2.4.29）。而《塞尔达传说》对游戏史也具有重要的意义：它重新定义了角色扮演类游戏（RPG）的形态，对后世的一系列著名 RPG 作品的设计都具有指导性的作用。在《塞尔达传说》之后，ARPG 成为主流的 RPG 形态，如《王国之心》（*Kingdom Hearts*）系列、《暗黑破坏神》（*Diablo*）系列等，都是著名的游戏作品。

FC 是史上最成功的，也是市场寿命最长的游戏主机，它在 2003 年 7 月，诞生 20 周年之际，才被任天堂正式宣布停产。20 年间，FC 的全球销量已突破 4910 万部[41]，如果再加上其他未经授权的山寨产品①，其数量还不止于此。至今世界各地（甚至日本自己）仍然在制造 FC 的各种兼容机。

FC 的成功是主机自身的优秀品质、强大的游戏阵容、相对优越的外部竞争环境等多方面因素共同作用的结果。但在此期间，任天堂建立的**第三方厂商授权制度**也功不可没，而任天堂对于整个游戏产业的贡献也就在于此。主要的政策内容可以归纳为以下几条：

（1）FC 的加盟游戏厂商需要向任天堂上缴高额的平台授权费；

（2）每家加盟厂商每年发售的游戏数量有限制，且游戏内容需要经任天堂审核通过才

———————————

① 如风靡中国的"学习机"等。

图 2.4.29　《塞尔达传说》系列游戏角色全家福

允许发售；

（3）游戏卡带的制造和销售都由任天堂官方全权代理。

仔细分析后可以发现，任天堂从游戏设计、制造、发行的整个流程，都进行了精细化的监督和管理。这套制度最大程度地排除了浑水摸鱼的小型厂商和粗制滥造的游戏作品的出现，对游戏品质的提升有着非常明显的作用。对雅达利休克之后的玩家而言，高品质的FC 游戏无疑是重振信心的良药。在《超级马里奥兄弟》和《塞尔达传说》在北美发售后的 1988 年，北美电子游戏市场的规模也迅速回升到了 23 亿美元[39]88，此后的每一年，都保持着稳步增长的态势，从未再次衰退过。这套教科书般的授权制度，也迅速成了几乎每家游戏机厂商都会借鉴和奉行的准则。

4. 世嘉 MD 与刺猬索尼克——差异化竞争的成功典范

在任天堂发售 FC 的同一天，世嘉（图 2.4.30）就推出了他们的第一款家用游戏机SG-1000，但是没有在市场上取得成功。之后世嘉又在 FC 发售后两年的 1985 年 10 月推出了性能超越 FC 的第三代游戏机 SEGA Mark Ⅲ，可以运行大量街机移植版游戏，尤其是动作游戏的表现比较突出。但是，在任天堂的打击下，在电子游戏业最主要的两个市场——日本市场和北美市场销量均不理想。不过该机种在新兴的欧洲、澳大利亚和拉美市场取得了不错的成绩，最终出货量达到 1480 万台。

获得初步成功的世嘉继续坚持开发游戏主机，在 1988 年 10 月 29 日，他们推出了**MD（Mega Drive）**①（图 2.4.31）。MD 搭载了一块当时非常先进的、由摩托罗拉（Motorola, Inc.）公司生产的 MC68000 系列 16 位 CPU，还额外安装了一块当时 PC 上大量使用的Z80 系列 CPU，因为有着两块 CPU 和专用的 PCM 声音处理系统，MD 堪称是 20 世纪

---

① 欧美版本名为 Sega Genesis。

80年代末和90年代初性能最好的家用游戏机。它的出现，也标志着家用游戏机全面进入**第四代**（**Fourth generation of video game consoles**）[1]。

图 2.4.30　世嘉的商标

图 2.4.31　Mega Drive 日本版

　　MD上市之初，就有清晰的战略布局——重点经营海外市场，尤其是北美、欧洲等地区。因此，他们决定创造一个可以和马里奥分庭抗礼的游戏角色和相应的游戏系列，角色的特征要反映出MD的性能——快速！世嘉的年轻设计师**中裕司**开始了角色的塑造，很快，他就设计出了**刺猬索尼克**（**Sonic the Hedgehog**），这只"全世界速度最快的刺猬"。

　　索尼克是经典的美式英雄形象。他的性格风趣幽默、阳光自信，热爱冒险，以助人为己任，总是用自己引以为傲的速度对抗邪恶势力。但他是个不完美的英雄，性格中也有软弱的一面，还有"不会游泳"这个可爱的缺点。长相酷帅、性格鲜明的索尼克形象在1991年年初的各大游戏展上一经公布，便引起了轰动。世嘉趁热打铁，于1991年6月23日发售了《刺猬索尼克》（*Sonic the Hedgehog*）（图2.4.32）。

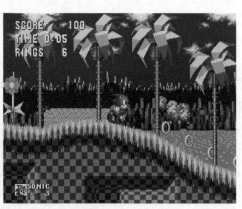
图 2.4.32　《刺猬索尼克》的游戏画面（MD）

　　索尼克依旧沿用了横向卷轴平台的游戏模式，但内核截然不同，它突出的是"高速冲刺"的理念，玩家要控制索尼克不停加速，并且要尽可能长时间保持高速冲刺不被打断。如果以更快速度达到终点，可以获得额外奖励。而且，它的游戏关卡平均长度是《超级马里奥兄弟》系列的4~5倍，关卡提供多条路线可供选择，还拥有特色的过山车道路和加速道路等，

---

　　① 最早的第四代家用游戏机应该是由Hudson Soft与NEC两家日本公司联手开发的PC Engine（简称PCE），在欧美叫作TurboGrafx-16，同样搭载了16位CPU，但整体性能不如MD。该机种发售于1987年10月30日。

玩家可以按照自己擅长的方式选择合理的路线跑完关卡。《刺猬索尼克》不仅把卷轴平台玩法推向了新的层次，还成为日后非常流行的跑酷游戏（Parkour Game）的开山鼻祖。

《刺猬索尼克》系列游戏活跃于家用游戏机、街机、掌上游戏机、个人电脑、手机等多个平台，堪称覆盖面最广的游戏系列（图 2.4.33）。25 年来，本系列游戏共售出了 1.4 亿套以上，在史上最受欢迎的游戏系列排行榜上名列第 8 位。

图 2.4.33　《刺猬索尼克》系列游戏角色全家福

但是，索尼克更加重要的贡献是在游戏文化方面。仅在北美地区，索尼克系列就拥有 6 部改编动画，其中《刺猬索尼克历险记》（*Adventures of Sonic the Hedgehog*）是美国动画史上的知名作品，曾在中国发行。此外还有一部改编为电影，大量的漫画作品、音乐专辑发售。可以说，索尼克的影响力是没有国界的，它的流行，让游戏文化向着主流文化的方向前进了一大步。

除了《刺猬索尼克》系列等一流作品，世嘉为打开欧美市场，还与 EA（Electronic Arts，Inc.）（图 2.4.34）、Midway Games 等欧美著名游戏厂商合作，在 MD 平台推出了大量体育游戏和动作游戏，如 *NBA Live* 系列和《真人快打》（*Mortal Kombat*）系列等。世嘉在海外市场，尤其是北美的崛起，与之是不可分割的。MD 的最终全球销量为 3432 万台。

任天堂为应对 MD 的冲击，于 1990 年 11 月 21 日推出了 16 位游戏机 **SFC（Super Family Computer，Super Famicom）**[①]，特色是在游戏控制器中首创了**肩部按键（L/R 键）**（图 2.4.35），在日本和亚洲市场成功延续了 FC 的成功，维持了竞争优势。最终全球销量为 4910 万台。SFC 平台有《超级马里奥世界》（*Super Mario World*）等知名作品。

---

① 欧美地区称作 Super Nintendo Entertainment System（SNES）。

图 2.4.34　EA 的商标（1982—2000）　　　　图 2.4.35　SFC 日本版及带有肩部按键的控制器

　　在第四代游戏机统治市场的 20 世纪 80 年代末和 90 年代初，市场上同时存在着超过十种家用游戏机，是名副其实的混战时代。而在此时，技术上领先的街机游戏领域率先开始了从 2D 游戏到 3D **游戏**的技术革新，1993 年前后，大量 3D 街机游戏作品如《VR 战士》《山脊赛车》等，受到了玩家的青睐。而家用机领域也呼唤着新的游戏形态的出现。但此时，引领市场的 SFC 与 MD 显得技术落后，几乎无法完美移植任何主流街机作品，而作为既得利益者的任天堂与世嘉，推动技术变革的决心也并不足。

　　5. 三足鼎立的家用游戏机第五世代

　　革新的重任历史性地落在了一家本与游戏无缘的家电厂商肩上。它，就是索尼（Sony Corporation）（图 2.4.36）。

　　1992 年，原计划与任天堂合作生产 CD-ROM 版 SFC 新主机的索尼，突然得到了任天堂单方面撕毁合作协议的消息。这时，索尼为任天堂开发的 CD-ROM 游戏机 PlayStation 已经基本完成，如果此时退出，将会面临巨额损失，于是索尼游戏事业部的负责人**久夛良木健**便决心独立进军游戏产业，与抛弃自己的任天堂决一高下。随后，以游戏机业务为主营业务的**索尼电子娱乐**（**Sony Computer Entertainment Inc.，SCE**）便宣告成立。

　　1994 年 12 月 3 日，SCE 正式发布了自己的第一台游戏主机——**PlayStation**（**PS**）（图 2.4.37）。PS 搭载了美国 LSI 生产的 32 位 CPU R-3000A，此外还拥有独立的图形处理器（GPU）CXD8514，带有 1MB 显存，运算能力为每秒 150 万多边形（polygons），具有 24 位色彩取样深度，可以显示 16.7 百万色。SCE 还为 PS 打造了全新研发的游戏控制器 DualShock，它带有独特的震动功能和双摇杆，为 3D 游戏中最流行的冒险、射击类游戏的控制铺平了道路。这是第一部真正拥有比较成熟的 3D 处理能力的家用游戏机，它的出现，标志着家用游戏机全面进入了**第五世代**（**fifth generation of video game consoles**）。

图 2.4.36　索尼电子娱乐的商标　　　　　　　图 2.4.37　PlayStation

PS 是史上最成功的家用游戏机之一，全球销量突破 1.249 亿台。这跟 PS 优秀的性能、便宜的价格息息相关。然而，SCE 的商业模式也功不可没。与任天堂依靠授权费把软件研发的门槛拔高——"只限大厂"相反，由于 SCE 第一方游戏研发实力较薄弱，PS 平台采取了比较宽松的授权制度和审查制度，这使得大量希望打造精品的中小厂商有机会一显身手。PS 平台的软件阵容拥有压倒性的优势。据统计，截至 2005 年，仅在日本就有 4324 种 PS 游戏软件发布，而全球范围内，PS 平台的游戏作品在 11 000 种以上，这个纪录直到今天都没再被任何一个游戏机平台打破过。

　　PS 平台百花齐放、名作辈出，如《合金装备》（*Metal Gear Solid*）《生化危机》（*Resident Evil*）、《GT 赛车》（*Gran Turismo*）、《恶魔城·月下夜想曲》（*Castlevania: Symphony of the Night*）等。而最有代表性的、最具划时代意义的游戏作品，非 1997 年的**《最终幻想 7》**（*Final Fantasy VII*）莫属。

　　《最终幻想 7》融汇了当时最先进的 3D 即时渲染和 CG 技术，向玩家展现了一个高度文明和科技化的宏大星球。所有的故事都发生在这个星球之上。游戏讲述了主角克劳德·斯特莱夫（Cloud Strife）、蒂法·洛克哈特（Tifa Lockhart）等人对抗疯狂采集星球能源"魔晄"并制造怪物的邪恶企业"神罗公司"的故事（图 2.4.38）。

　　《最终幻想 7》划时代的精美画面、宏大的世界观架构、感人至深的故事设定、优秀的游戏系统，都使它成为日式角色扮演游戏的代表性作品。本作在日本发售仅三天，就突破了 230 万套销量，最终全球销量突破 1000 万套（图 2.4.39）。

图 2.4.38　《最终幻想 7》的游戏画面（PS）　　　　图 2.4.39　《最终幻想 7》游戏角色全家福

　　家用游戏机第五世代游强手如云，但无论是比 PS 更早发售的**世嘉土星**（**Sega Saturn**）（图 2.4.40），还是性能远超 PS 的任天堂 N64（*Nintendo 64*），都没能阻止 PS 的全面成功。而 PS 的成功，在事实上宣告了电子游戏业任天堂垄断时代的结束。SCE 在家用游戏领域站稳了脚跟，家用游戏市场正式进入三足鼎立的时代。

　　6. 第六世代家用游戏机——DC、PS2、XBOX、NGC

　　1998 年 11 月 27 日，急于挽回市场劣势的世嘉，发售了新主机 Dreamcast（DC）（图 2.4.41），揭开了**家用游戏机第六世代**（**sixth generation of video game consoles**）的序幕。DC 搭载了当时非常先进的日立 SH-4 型 CPU（主频 200 MHz）和拥有 100MHz 核心频率的 PowerVR2 系列 GPU，拥有划时代的图形处理性能。而且，DC 还是历史上第一款将调制解调器作为标准配置的、可以**全面支持线上游戏**的家用游戏机。

图 2.4.40　世嘉土星及其代表作《樱花大战》(*Sakura Wars*)

图 2.4.41　Dreamcast

　　不幸的是，DC 刚刚投入市场，就由于显示芯片产能不足，遭遇了严重的货源短缺问题，并且持续了一年多的时间，这令世嘉白白浪费了在竞争中赢得先机的机会。而索尼的 PlayStation2(PS2)上市之后（图 2.4.42），仍未能充分供货的 DC 处境变得更加困难。最终，在 2001 年年初，世嘉宣布永久退出家用游戏机市场，变为纯粹的游戏软件厂商。

　　生来便带有悲剧色彩的 DC 是历史上最短命的游戏机之一，但它却在短暂的生命中为我们留下了数十款非常优秀的游戏作品。而其中有数款在电子游戏史上，甚至具有划时代的意义——如历史上第一个真正意义上的 3D 开放世界游戏（open-world game）**《莎木》**(*Shenmue*)（图 2.4.43）；第一款家用机上的 3D 大型多人线上角色扮演游戏（massively multiplayer online role-playing game, MMORPG）《梦幻之星 Online》(*Phantasy Star Online*)；历史上唯一一款只依靠声音进行而没有游戏画面的冒险游戏《真实声音～风的悔恨～》（リアルサウンド～風のリグレット～）；重新定义了 3D 平台游戏玩法，完成了自身进化的《索尼克冒险》(*Sonic Adventure*)；历史上第一次将连续空间理念（参见第 3 章）应用于回合制战斗的**《樱花大战 3》**(*Sakura Wars 3*)……在这些游戏里，我们可以感受到设计者的非凡创意，这些 DC 平台的经典游戏作品，是值得每一个希望成为游戏设计师的人铭记的。

　　索尼的第六世代游戏机发售于 2000 年 3 月 4 日的 **PlayStation 2(PS2)**，销量突破 1.5 亿台，再次缔造了 PlayStation 神话（图 2.4.44）。PS2 沿袭了 PS 强化游戏阵容的商业思

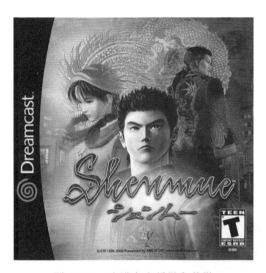

图 2.4.42　充满东方哲学和美学　　　　　图 2.4.43　PlayStation 2（SCPH-30000 系列 &
韵味的《莎木》（DC）　　　　　　　　　　　　　　SCPH-70000 系列）

路，为扩大游戏阵容，移植 PC、街机和其他家用机的游戏很多，这让 PS2 在商业上取得了很大成功。PS2 平台上销量最高的作品是移植自 PC 的《侠盗猎车：圣安德烈斯》（*Grand Theft Auto*: *San Andreas*）（参见 2.4.4 节 PC 游戏史部分）；赛车游戏名作《GT 赛车 4》（*Gran Turismo 4*）；最终幻想系列续作《最终幻想 12》（*Final Fantasy XII*）等。

图 2.4.44　日式恐怖游戏的集大成作《零·红蝶》（*Fatal Frame II*）（PS2）

2001 年 11 月 15 日，**微软（Microsoft Corporation）**在美国发售了他们的第一台家用**游戏机 XBOX**（图 2.4.45）。搭载了英特尔（Intel Corporation）奔腾三（Pentium Ⅲ）系列 CPU 的 XBOX，配置堪比一台当时的主流 PC，在第六世代家用游戏机中，拥有压倒性的最强性能。XBOX 最终销售了 2400 万套，使得微软取代世嘉，成功跻身主流游戏主机厂商队伍。XBOX 平台的代表游戏是外星人入侵题材的第一人称射击游戏《光环》（*Halo*）系列（图 2.4.46）。

图 2.4.45　XBOX

图 2.4.46　堪比当时顶级 PC 画面表现力的《光环 2》（*Halo 2*）游戏画面

7. 家用游戏机第七世代——体感游戏的主场

2005 年 11 月 22 日，微软发售了 XBOX 系列的第二款主机——XBOX 360，正式将家用游戏机带入**第七世代（seventh generation of video game consoles）**。而 2006 年 11 月 11 日，索尼也发售了性能极为强大的第七世代游戏机 PlayStation3（简称 PS3）（图 2.4.47），这是历史上第一台使用蓝光光盘（Blu-ray Disc）作为存储媒介的游戏机。

任天堂的第五世代游戏机 N64 和第六世代游戏机 NGC（Nintendo GameCube）都未在市场上取得成功，因此他们在第七世代研发了一款代号为"革命"（Revolution）的家用游戏机，意在为家用游戏机领域带来一场革命。随后，任天堂宣布该台主机的正式名称为 Wii，2006 年 11 月 19 日，Wii 正式投放市场（图 2.4.48）。

图 2.4.47　PlayStation 3（第一版和 Slim 版）

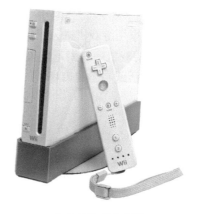
图 2.4.48　Wii 和它的体感控制器 Wii Remote

　　Wii 的特殊之处，是它没有同竞争对手那样专注于提升主机性能，而是如同它的研发代号一样，通过革新游戏的操作方式，创造"**动作感应游戏**"的新玩法，拓展游戏的深度和广度，从而在竞争中取得优势。而动作感应游戏的开山之作，是 ***Wii Sports***。*Wii Sports* 包含了 5 种运动模拟游戏——网球（图 2.4.49）、棒球、保龄球、高尔夫球和拳击。玩家要使用 Wii Remote 做出与真实运动相同的动作，例如挥动网球拍、丢掷保龄球等，从而完成游戏。游戏带有多人模式，最多可供 4 人同乐。

图 2.4.49　*Wii Sports* 网球项目的游戏画面

　　需要说明的是，自从 FC 退出主流游戏舞台之后，全民游戏、全家游戏的时代就一去不复返，之后的游戏业越来越向着"核心向"的方向发展，讨好具有消费能力的重度玩家的做法成为业界的主流。Wii 和 *Wii Sports* 以简单却老少咸宜的画面和游戏方式，重新激活了玩家的客厅，使得父母可以和孩子们一起在自家客厅里进行游戏，许多很少接触电子游戏的轻度游戏玩家也加入了 Wii 的阵营，而他们的第一款 Wii 游戏，就是 *Wii Sports*。这使得本作取得极大成功，取得不可思议的 8272 万套全球销量[1]，是**人类历史上销量最高的电子游戏**。Wii 也取得了 1.0163 亿套的全球销量[2]，是第七世代中最成功的家用游戏机。

---

①　数据截至 2015 年 9 月 30 日。

②　数据截至 2015 年 12 月 31 日。

游戏设计概论

8. 家用游戏机第八世代——谁将取得胜利？

目前[1]，家用游戏机进入了**第八世代（Eighth generation of video game consoles）**。第八世代的家用游戏机——索尼的 PlayStation 4（图 2.4.50），任天堂的 Wii U 和微软的 XBOX one，至今仍活跃在游戏市场上。

图 2.4.50　PlayStation 4 和它带有体感和触摸控制功能的控制器 DualShock 4

思考题

在家用游戏机之外，便携式游戏机（或称掌机）也是值得关注的游戏领域。《精灵宝可梦》（Pokémon）、《逆转裁判》等作品，在游戏史上有着特殊的地位。限于本书篇幅，没能记述掌机游戏的历史。请通过查找互联网相关资料等方式，自行了解掌机游戏的历史，思考掌机游戏对后来的手机游戏有哪些方面的影响，并与同学进行讨论。

2.4.4　PC 与移动端游戏发展史：从非主流到主流

1. 早期的 PC 游戏

《宇宙战争》时期，大部分的设计需求都是"在实验室中使用"，其售价昂贵，硬件的更新换代非常迅速，因此计算机领域并没有形成统一而稳定的平台。也正是因为这种原因，专门为游戏设计的街机和家用机在很长的一段时间内都占据着游戏发展的主流地位，

图 2.4.51　Apple Ⅱ型计算机

并成功书写了游戏发展最辉煌的一段时期。其间诞生的一系列伟大的公司和作品，为游戏的发展做出了不可磨灭的贡献，而计算机平台下的游戏在那段时期中就显得略微暗淡无光。19 世纪 70 年代，随着苹果（Apple Inc.）和国际商业机器公司（International Business Machines Corporation，IBM）的崛起，个人电脑（Personal Computer，PC）在民众中的占有率逐渐提升，PC 平台也诞生了一些对后世产生重要影响的游戏。同时，在游戏类型的探索上，PC 平台也起到了不可忽视的作用（图 2.4.51）。

1981 年，《巫术》（Wizardry）问世。它是由 Sir-Tech 开发的电子角色扮演游戏系列，首部巫术游戏

---

①　指本书写作时的 2016 年上半年。

对《勇者斗恶龙》（*Dragon Quest*）和《最终幻想》等早期游戏机角色扮演游戏产生了深远影响（图 2.4.52）。系列首作制作于 Apple Ⅱ 平台（图 2.4.52），之后又移植于多个平台。最后一部官方游戏是由原开发商 Sir-Tech 制作的《巫术 8》，于 2001 年在 Microsoft Windows 平台独占发行。Sir-Tech 的《巫术》特殊意义在于它是第一个有着成熟角色扮演系统的大型电脑游戏。它和《魔法门》（*Might and Magic*）系列、《创世纪》（*Ultima*）系列并列为 PC 平台上的三大 RPG。在游戏性上，《巫术》也有许多创新之处：它是第一个使用了指令式团队战斗的游戏，这个系统后来被《最终幻想》发扬光大；它也是第一个开创了进阶职业和转职的游戏。

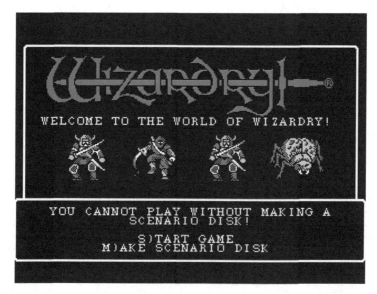

图 2.4.52　《巫术》游戏界面

《巫术》上市一年时间，就取得了 24 000 份的销量，对比当时的 Apple Ⅱ 拥有量来说这是一个很好的成绩，主流媒体对其的评价也非常优秀，*Next Generation*[1] 杂志在 1996 年将其收录进史上最伟大的 60 个游戏。

1989 年，历史上另一个具有重要意义的游戏——《模拟城市》（*SimCity*）发布了，这是一款城市建造类型的游戏，是 Maxis 公司的第一个产品。游戏最初在 DOS 平台下运行，之后又陆续推出了 Mac、Windows 与超级任天堂等平台上的版本。当前该系列的版权所有者以及发行商为美国艺电公司（Electronic Arts）。

根据开发者威尔·怀特（Will Wright）描述，模拟城市的灵感来源于家用机游戏 *Raid on Bungeling Bay*[2] 的开发过程，怀特开发了该游戏的自定义编辑器，并总是乐此不疲地在编辑器中创造新的地图，甚至超越了对游戏本身的乐趣。同时，受到一个小故事 *The Seventh Sally*[3] 的影响。他开始着手模拟城市的开发工作，并在游戏发布的四年前就完成了

① *Next Generation*：游戏产业杂志，1995—2002。
② *Raid on Bungeling Bay*：一个 MD 平台的俯视角射击游戏。
③ *The Seventh Sally*：斯坦尼斯拉夫·莱姆（Stanislaw Lem）发表在 *The Mind's I* 的短篇小说，讲述一个工程师为了受暴君欺压的人民，建设了一个小型城镇的故事。

第一个版本的开发工作。当时的游戏名称是 *Micropolis*。

在当时的眼光看来，这是一个非常异类的游戏，因为这个游戏的游戏过程既不能赢也不能输，整个游戏缺乏一个明确的目标。当时的游戏发行商认为，这样的一款游戏不可能在市场上取得成功，因此当威尔·怀特到处奔走寻找发行商时，大部分发行商都拒绝了他，并建议他找一家规模较小的、没有成功经验的发行商。最终，当时规模还很小的 Maxis[①]公司的创始人杰夫·布朗（Jeff Braun）答应了怀特的发行要求。《模拟城市》成为这家公司发行的第一个游戏。

《模拟城市》的成功和其出色的玩法有着密不可分的关系。这在当时开创出了一种完全不同的游戏类型，这款游戏的主要内容，就是在一个固定范围的土地上，由玩家担任市长一职，满足城市内所有市民的日常生活所需。从规划住宅、商业及工业用地，建设公路、地铁、体育场、海港、机场、警察和消防局，甚至税金及各种公共设施支出的分配都由玩家自行设计。游戏中除了要妥善规划各种区域外，还要考虑到人、经济、生存及政治等多项因素。玩家可以自由规划心目中的理想城市，并慢慢看着城市随着时间而发展。《模拟城市》中没有结局也没有特定的游戏路线要遵循，有的只是玩家无限的创意及挑战性。同时，其使用鼠标的操作方式，也让当时普遍使用手柄的家用机难以实现这一玩法（图 2.4.53）。

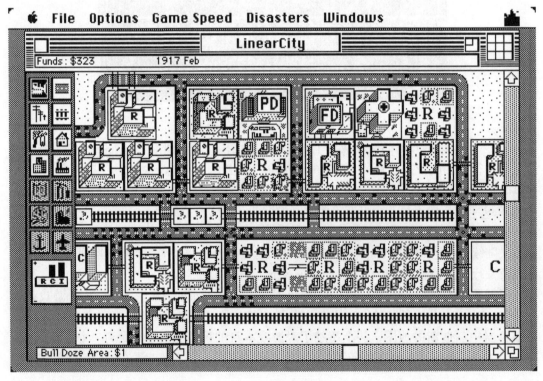

图 2.4.53 《模拟城市》游戏界面

---

① Maxis：该公司因为《模拟城市》系列的成功，成为历史上最大的模拟游戏制作公司，于 1997 年被美国艺电以 1.25 亿美元收购。

2. 20 世纪 90 年代的 PC 游戏

1990：第一人称射击游戏的崛起

1990 年，计算机技术进入黄金发展时期，IBM 个人电脑为整个软件业带来了前所未有的机遇。但这时的软件多以商业用途为目的，游戏软件却少人问津。当时一家名为 Softdisk 的软件公司找到了在读大二的卡马克（John D. Carmack Ⅱ），希望他加入公司，一起开发游戏软件。出于对游戏软件的热爱，他同意了对方的邀请。卡马克首先将任天堂公司风靡全球的《超级马里奥兄弟 3》移植到了 IBM 个人电脑上。同时，他还不断地通过实验，推进游戏 3D 技术的发展，开发出了一种名为 EGA（增强型图形适配器，3D 图形加速卡的雏形）的 PC 显示技术。他还参与了 IBM PC 的第一款 2D 游戏《指挥官基恩》（*Commander Keen*）的制作，迈出了游戏软件历史性的一步。

当然，卡马克的成就远不止于此，他最伟大的成就就是开创了第一人称射击（first person shooter 见第 3 章相关内容）这一游戏类型。依托于当时计算机硬件技术的高速发展——大容量硬盘和内存、高分辨率显示器、高速运算的 CPU 和 3D 加速卡等，他与另一个游戏软件天才 John Romero 共同开发出了全球首款 3D 射击游戏《德军总部 3D》（*Wolfeniten 3D*），这款 3D 游戏采用了他独创的 3D 游戏引擎（图 2.4.54）。紧接着，他又开发出了《毁灭公爵》（*Doom*）和《雷神之锤》（*Quake*）两款 3D 游戏。一时间，所有的电脑用户都争相购买这些游戏，人们甚至为了能玩上 3D 游戏而去购买昂贵的 PC。不到一年的时间，仅《毁灭公爵》一款游戏就售出了几百万张复制，带来了上亿美元的商业利润。

图 2.4.54　《德军总部 3D》（*wolfeniten 3D*）

1991：席德梅尔和他的文明系列

说到卡马克，就不能不提到另一位在游戏界中举足轻重的人物——席德梅尔（Sid Meier）。1991 年，席德梅尔在 PC 平台发布了一款回合制策略游戏——《文明》（*Civilization*），该游戏的目标是"建立一个伟大的帝国并经受时间的考验"。玩家需要从公元前 4000 年开始发展并扩展版图，一直发展到现代以及轻度科幻的未来。该游戏内容相当多元化，从经济、战争、贸易、政体、科技等，全方位模拟了一个国家和文明发展所要经历的历程（图 2.4.55）。

席德梅尔曾承认，《文明》的某些灵感来自桌面游戏设计师 Francis Tresham 设计的同名桌面游戏①。在设计初期，《文明》被设计为一个即时的策略游戏，但席德梅尔觉得这样

---

① 文明桌面游戏：1980 年发布，与《文明》系列的母公司有过版权纠纷。

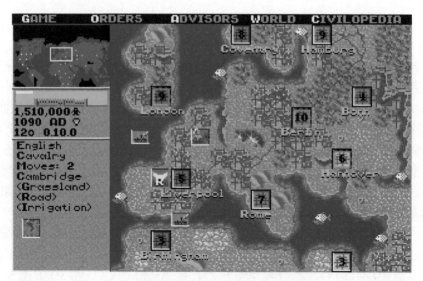

图 2.4.55 《文明》游戏界面

与《模拟城市》的系统过于相似，于是他选择了一个预先下达指令，然后统一执行的方式进行游戏（回合制）。但很遗憾，其他游戏设计者们并不喜欢这个方案，因此席德梅尔在此基础之上不断做出修改。他放弃了模拟真实的国家历史兴衰，缩小游戏地图，降低自动化指令的数量，让玩家更具操作性等。同时他还尽其所能提高了 AI 的强度，甚至为此删除了某些还不成熟的 AI 系统。最终，游戏的可玩性取得了大家的认可。

但让人意外的是，游戏并没有加入多人系统，席德梅尔对多人游戏持非常保守的态度，他还曾表示："如果你有朋友，那你就不需要玩电脑游戏。"[1] 这一观点和现在的游戏设计理念大相径庭。

尽管没有多人系统，但《文明》依然是世上最成功的游戏之一。它被称为历史上最伟大的策略游戏。并在 20 世纪 90 年代拿下了非常多的最佳游戏和满分评价。2000 年，游戏发行 10 年之后，Gamespot 将《文明》评选为第七个最具影响力的游戏，同年，IGN[2] 将之评选为所有 PC 游戏排行榜第四名。2007 年，《文明》被《纽约时报》评选为十大经典游戏之一，并在国际互联网前 100 名游戏的排行榜上长期处于前 3 位。

《文明》系列的成功还为策略游戏的发展提供了方向，参与制作的许多开发者都发行了自己的游戏作品。例如《文明》合作设计师布鲁斯（Bruce Shelley）开发的《帝国时代》（*Age of Empires*）系列，《文明Ⅱ》首席设计师布莱恩（Brian Reynolds）开发的《国家的崛起》（*Rise of Nations*），《文明Ⅲ》设计师、《文明Ⅳ》首席设计师约翰逊（Soren Johnson）开发的《孢子》（*Spore*）等。

1992：即时战略游戏的崛起：——《沙丘2》（*DUNE Ⅱ*）

《沙丘Ⅱ：王朝的崛起》（*Dune Ⅱ: The Building of a Dynasty*）是一个由 Westwood 工作室制作、维珍互动（Virgin Interactive）发行的即时战略游戏（real-time strategy game）。该

---

① 原文：If you had friends, you wouldn't need to play computer games.
② Gamespot, IGN：知名游戏媒体网站，www.Gamespot.Com；www.IGN.Com.

游戏由弗兰克·赫伯尔特（Frank Herbert）的同名小说和大卫林奇的同名电影改编而来，于 1992 年 12 月发布。

《沙丘Ⅱ》把许多游戏的特点组合在一起，开创了即时战略类型游戏的时代。比如战争迷雾、基于鼠标交互的军事管理、科技树，以及资源收集和基地建设的经济模式，都在日后成为即时战略游戏的标志。它作为模板衍生了后续许多脍炙人口的即时战略游戏，包括《帝国时代》《星际争霸》《横扫千军》等，特别是 Westwood 自己的《命令与征服》系列。

在 PC 游戏的发展历史上，伟大的游戏类型不断被开发出来，最初的《沙丘》系列并不是一个即时战略游戏。维珍互动的副总裁史蒂芬（Stephen Clarke-Willson）表示，《沙丘Ⅱ》的项目开始于《沙丘》系列岌岌可危的时期。当时他的任务是探索《沙丘》这一题材到底还有什么可挖掘的价值。在读完了《沙丘》系列的原作小说后，他发现在宏大的世界观下，真实的资源争夺战给玩家带来的紧张感和压力才是游戏的核心乐趣所在。正当这个时候，一个名叫格雷姆（Graeme Devine）的员工推荐了一款由世嘉发行、运行在 MD 家用机平台的《离子战机》（*Herzog Zwei 1989*）。它的操作方式和现在的即时战略非常相似：依靠点击移动单位、可移动的视角、需要快速的操作，并且有"基地"的概念，大家都觉得这是一个很好的游戏方式，经过维珍娱乐的工作人员与 Westwood 的多次沟通，《沙丘Ⅱ》的游戏类型就这样被确定了下来。

从《离子战机》到《沙丘Ⅱ》，开发者们也做出了很多改进。在《离子战机》中，玩家只能操作一个单位，并且由于手柄操作的限制，游戏的节奏并不是很快，而受到 APPLE Ⅱ 电脑图形界面的启发，《沙丘Ⅱ：王朝的崛起》是第一个让鼠标成为首要操作工具的 PC 游戏，玩家可以直接点击战场上的单位并下达指令，而无须去记忆复杂的快捷键和选择指令栏。这也开启了 PC 游戏和主机游戏不同操作方式的序幕（图 2.4.56）。

图 2.4.56　《沙丘Ⅱ：王朝的崛起》

在 1995—2000 年间，PC 单机游戏迎来了发展的黄金时期，随着硬件水平的不断提升和 Windows 操作系统的垄断式发展，《暗黑破坏神》（图 2.4.57）、《辐射》《古墓丽影》《星际争霸》《半条命》等一系列影响深远的作品接连上市。PC 端游戏的市场份额和销售收入也终于和家用机有了分庭抗礼的资本。

图 2.4.57 《暗黑破坏神》(*Diablo*)

1995：中国游戏市场的启蒙者:《仙剑奇侠传》

《仙剑奇侠传》是由台湾大宇资讯开发，并于 1995 年 7 月出品的角色扮演游戏（图 2.4.58）。游戏之后移植于 Windows 95 平台和世嘉土星游戏机。故事以古代中国为背景，以武侠为题材。游戏一经发售就获得非常大的成功，各版本累计已售出 100 万份，并屡获殊荣，令该游戏成为中文电脑游戏发展上的里程碑。虽然《仙剑奇侠传》不是第一款中文武侠 RPG 游戏，但是它使中文武侠角色扮演游戏成为一个真正的游戏流派，开启了中国本土游戏发展的一个时代。因此，在它的影响下，一些开发商推出了许多《仙剑奇侠传》风格的中国风武侠游戏。《仙剑奇侠传》目前共有九部作品面世，根据游戏剧情所改编的电视剧也已经搬上荧幕。

图 2.4.58 《仙剑奇侠传》游戏界面

1997 年 10 月以 "98 柔情篇" 名义在大陆正式发售。游戏于 1999 年 3 月 4 日还在日本世嘉土星平台上发行了主机版本。

《仙剑奇侠传》已经不只是一套游戏，它代表了中国游戏文化的一个里程碑，展示着中文游戏新的高度。——人民网游戏评

《仙剑奇侠传》系列自 1995 年第一代作品发行以来，经历了近二十年的打磨，仙剑系列已经成为中国单机游戏近二十年以来的扛鼎之作，赞誉不断。仙剑被许多人称为一种文化（简称仙剑文化），游戏中的诗词和音乐进一步提升其游戏品位。在电脑并不普及的时代它就创造了中国单机游戏市场的辉煌，销售量一直居高不下，在游戏排行榜上独占鳌头达十六个月之久，成为中国游戏 "经典" 的代名词。2011 年《仙剑奇侠传 5》更是取得了 120 万套的惊人销量，营收一举达到 6000 万元，创下了近几年国产单机销量之最，使得仙剑系列单机游戏再回巅峰。而《仙剑 5 前传》更是在首周就突破了 50 万销量大关，大大超出业界和玩家们的预期。——腾讯游戏评

1997：《网络创世纪》——图形化网游的里程碑

1995 年，第一届 E3 大会（The Electronic Entertainment Expo）的开启，游戏行业开始进入了一个快速发展的时代，越来越多的专业游戏开发商和发行商涌现出来。正是在此时，"多人在线大型游戏"（MMOG）的概念浮出水面，游戏不再依托于光盘和一台主机而存在，而是直接接入互联网，在全球范围内形成了一个大型的市场。

相比较传统的单机游戏而言，网络游戏在当时有 3 个明显的特点：

（1）网络游戏出现了长期游戏的概念，玩家所扮演的角色可以成年累月地在同一世界内不断发展，而不像单机游戏那样，以完成剧情或者通关为游戏目标。

（2）游戏可以跨终端运行，只要玩家拥有电脑和调制解调器，且硬件兼容，就能连入当时的游戏世界之中。

（3）按游戏时长付费被接受，成为主流的计费方式。

当时的市场上也不乏颇具实力的竞争者，例如 *Habitat*、*The Realm Online*、《无冬之夜》（*Neverwinter Nights*）和大名鼎鼎的 3DO 工作室所开发的《子午线 59》（*Meridian 59*）。但在那个网络并不是非常发达，并且上网费用普遍居高不下的年代，网络游戏始终是少数人的爱好。直到 1997 年 9 月 24 日，一个游戏改变了这一切——《网络创世纪》（*Ultima Online*）。

《网络创世纪》是世界上第一款图形大型多人在线角色扮演游戏（massive multiplayer online role playing game，MMORPG），它身上的光环不计其数，对后续网络游戏发展的影响也是里程碑式的。它还拥有 8 项吉尼斯世界纪录，其中就包括：第一个达到 10 万人在线的网络游戏和运行时间最长的网络游戏[①]。

《网络创世纪》的玩法和系统在现在看来也是非常先进的。例如随着真实时间的流逝，玩家角色会长大、会饥饿，也会因为白天夜晚的改变而拥有不同的能力值。游戏中的资源和道具系统也堪称经典，玩家自己建造房屋，自己生产道具。丰富的资源采集和生产系统与现代的网游相比也毫不逊色。极度开放的交互设计也允许玩家直接进行交易、合作，甚至是抢夺。

---

① 截至 2016 年，《网络创世纪》已经运行了 19 年。

同时，基于自由游戏的设计理念，游戏也没有在系统层面设计惩罚或是预防机制，而是通过道德约束玩家行为。但美好的理想往往事与愿违，自由的设计也为游戏带来了一些麻烦，过度的 PK（Player Kill）行为让游戏的环境饱受诟病，最终游戏在 2000 年的资料片中加入了禁止 PK 区域。

遗憾的是，这款游戏的发行商美国艺电始终没有将它引入中国，直到 1999 年开始才陆续有爱好者以民间服务器的形式让中国玩家体验到这款游戏。《网络创世纪》正如它的名字一样，开启了网络游戏发展的一个新的纪元（图 2.4.59）。

图 2.4.59 《网络创世纪》游戏界面

1999 年：另一个 MMORPG 的奠基者——《无尽的任务》

1999 年 3 月 16 日，美国索尼在线娱乐（Sony Online Entertainment）发布了《无尽的任务》。这是继《网络创世纪》以后，历史上第二个在商业上取得成功的网络游戏，也是第一个采用 3D 引擎制作的多人在线网络游戏。这两款游戏在很长的一段时间内确立了网络游戏的主流游戏类型——大型多人在线角色扮演。直到近十年之后才有其他类型的网络游戏在商业上取得成功。

《无尽的任务》的设计灵感来自文字 mud 游戏。游戏中需要以打字的形式与 NPC 交流，而 NPC 则会检索对话中的关键字，触发对应的对话来回应玩家。游戏的开发始于 1996 年，此时的《网络创世纪》还没有发布。时任美国索尼在线娱乐 CEO 的 John Smedley 决定结合文字 mud 的玩法和 3D 画面的表现形式，开发一款新的网络游戏。于是在参考了市面上的多款成熟的游戏之后，《无尽的任务》终于来到了玩家面前（图 2.4.60）。

在游戏发布时，索尼娱乐本来没有对游戏抱有太大的希望。但游戏口碑和市场反馈迅速发酵，到 1999 年年底，只用了九个月时间，游戏的付费人数就超过了当时如日中天的《网络创世纪》，并且仍在快速增加。直到 2001 年中期，游戏玩家的增长速度才逐渐趋缓。根据索尼娱乐的公开资料显示，至 2004 年 1 月，游戏的付费用户已经超过了 43 万，牢牢占据用户数最多的网络游戏宝座。后来这一殊荣在 2004 年底易主《魔兽世界》，并保持了将近 10 年之久。

图 2.4.60 《无尽的任务》游戏画面

从游戏性上来说，《无尽的任务》也是一个史无前例的作品。它很多优秀的设计来源于文字 mud 和《龙与地下城》规则，其中包括自由选择的种族（race）、职业（class）和根据角色的行为而划分的阵营。在游戏中几乎每一个 NPC 都有其所属的阵营，从而会做出符合其性格的反应。阵营主要有两个维度，相互组合共有 9 种类型：

守序善良	守序中立	守序邪恶
中立善良	绝对中立	中立邪恶
混乱善良	混乱中立	混乱邪恶

多样的角色种族和阵营让整个游戏世界前所未有的丰富，在游戏所打造的剧情和任务中玩家也可以加入某个阵营，来获取相对应的游戏体验和奖励，但做出有违阵营标准的事会得到相应的惩罚。

游戏的技能设置则采取了和《网络创世纪》相同的设计，玩家需要反复进行某一个动作来锻炼技能等级。如果一个角色要游得快，那么该角色必须经常使用游泳这个动作，才能够使泳速提高（而不是点击技能点数）；想要耐打击就必须经常被打。如果一个角色想要增加抗掉落的能力，必须常常到高处往下跳，所以在游戏内经常有玩家摔死后又爬到高处往下跳。

另外，整个游戏的宏大不仅体现在角色设计上，正如游戏的名字一样，《无尽的任务》中有超过一万个任务来供玩家体验。游戏主诺拉斯的陆地面积若换算为现实世界有 350 平方公里，但某些任务的复杂和触发难度之高，甚至整个服务器也没有人能够完成。

从《无尽的任务》的设计中我们可以看到许多《魔兽世界》的早期设计思路：复杂甚至是隐藏的任务链、钥匙、世界 Boss、职业间的配合、全世界事件等。这些设计给予了游戏世界前所未有的探索乐趣和深度，但也在一定程度上阻碍了新手玩家和休闲玩家的参与。

因此《魔兽世界》后期的发展设计，慢慢走出了这种过于专业和复杂的思路。但两者究竟孰优孰劣，业界并没有定论。

3.21 世纪的 PC 游戏——网络游戏时代开启

2000：中国图形化网络游戏的开端

从 1995 年的《仙剑奇侠传》大获成功之后，中国的单机游戏发展丝毫不逊色于国外，市场上并不缺少优秀的作品，如《金庸群侠传》《剑侠情缘》《生死之间》等。只是由于国内网络条件的差异，在国外发展迅猛的"多人在线大型游戏"并没有在国内落地开花，取而代之的是一种被称为文字 MUD 的游戏类型在网络上顽强地生长着。MUD 是英语 Multi-User Dungeon 的缩写，直译成中文就是多人地下城冒险游戏。由于其简写与英语"泥巴"的拼法相同，所以简称为泥巴。MUD 是一种文字类的游戏，通过输入命令来进行动作，当然动作的展现形式也是文字叙述，国内的文字 MUD 大多数以武侠为主题，这跟我们的文化密不可分。1996 年 1 月，MUD《侠客行》[①]发布，这款游戏成为国内文字 MUD 的代表（图 2.4.61）。

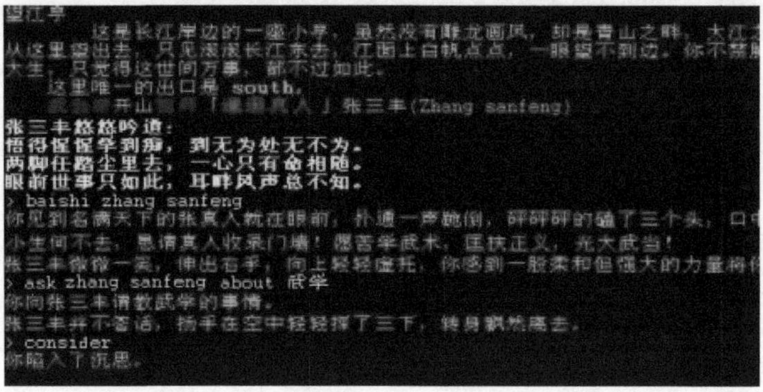

图 2.4.61 《侠客行》游戏画面

文字 MUD 虽然具有一定的交互乐趣，但图形界面的缺失让其在真正的网络游戏面前并不具备竞争力。当 1999 年《网络创世纪》的民间服务器架设起来之后，文字 MUD 就渐渐退出了历史的舞台。而第一款真正意义上的中文多人在线游戏《万王之王》，于 2000 年 7 月正式在中国推出，它脱胎于同名文字 MUD。开发者是台湾"清华大学"材料科学研究所的博士生陈光明和黄于真。凭借优秀的游戏质量，配合特殊的历史条件,《万王之王》成为中国第一代网络游戏无可争议的王者之作。

《万王之王》为网络游戏的运营模式开创了一套基本的雏形——玩家可以免费下载客户端，按游戏时长和运营服务进行付费（图 2.4.62）。崭新的运营模式解决了长期笼罩在单机游戏产业上的盗版问题，让行业振奋不已，也为游戏产业发展带来了无限的希望。

只不过，在《万王之王》开始商业化运营之初，玩家们显然对这种付费玩游戏的模式还显得十分陌生。单机游戏中花钱买光盘的观念根深蒂固，而且彼时整个在线支付行业并未发展，游戏依然要靠点卡、月卡这种物理媒介去出售游戏时长。一旦线下销售渠道出现问题，玩家在付费时就会出现极大的困难，这在很大程度上也限制了《万王之王》的推广。

---

① 开发的五人团队为：方舟子、翔少爷、时空、丁、草鱼。

图 2.4.62 《万王之王》游戏画面

如果说《万王之王》将互联网商业模式引入网络游戏行业，那么《石器时代》就是将商业化发扬光大的一款游戏。2001年1月，《石器时代》进入中国，这也是第一个获得成功的国外引进网游。它是许多玩家一个时代的记忆，开创了中国回合网游的先河，是网游发展史上的一座璀璨的里程碑（图 2.4.63）。

图 2.4.63 《石器时代》游戏画面

总的来说，2001 年游戏产业大幅增长，全球游戏产值由 2000 年的 69 亿美元增加到 2001 年的 94 亿美元，增加 43%，超过电影行业的 84 亿美元。随着联网 PC 数量的高速发展，这一用户群体习惯的形成，基于 PC 的在线游戏成为相对独立的一个市场。在这一年，网络游戏的市场规模已经赶上了单机游戏的市场规模，从《万王之王》开始，网络游戏商业化备受关注，而且不断有老牌的游戏厂商加入，中国网络游戏开始步入稳定成熟的发展时期。也是在这一年，中国从韩国引进的网络游戏数量，也迎来了一个井喷。

2002 韩流来袭：中国网络游戏的"传奇"与"奇迹"

《千年》《龙族》《红月》《天堂》《决战》——这些名字在今天听起来可能略显陌生。它们都有一些共同的标签——韩国制造。韩国是世界上知名的政府公开扶持电子游戏产业发展的国家。在中国和欧美的网络游戏飞速发展的时期，韩国自然也没有停滞不前。1998 年，韩国市场上发布了一款对整个游戏产业有着深远影响的 MMORPG——《天堂》（Lineage，韩文：리니지）。游戏由 Ncsoft 开发，1998 年 9 月开始运营。游戏结合了漫画剧情与当时十分流行的角色扮演要素、以攻城战为主要特点并围绕着这一系统设计了许多创新性的玩法，开启了大型 PVP 类网络游戏的先河。在很长的一段时间内，《天堂》都是韩国最为成功的网络游戏。官方公布的游戏注册人数高达 1000 万，是当时韩国总人口数量的 1/5（图 2.4.64）。

图 2.4.64 《天堂》游戏画面

整个游戏最核心的玩法系统则是基于攻城战展开的。游戏允许主城的拥有者对临近的城市征税，并可以对所拥有商店里出售的物品收取附加费用，玩家则处于一个完全开放式的自由对战环境（PVP）之中。除了城市内保护区之外，玩家可以在任意场所 PK。通过加入"血盟"，玩家还可以开启攻城战和领土争夺战。攻城战从玩法上来看并不复杂，但简单的设计却带来了非常丰富的游戏变化。首先，游戏中有多个主城，让声东击西、围魏救赵成为可能。其次，由于城市的地形复杂，加上游戏中远近战职业的区分，使得战斗中的职业配合和战术选择也十分讲究。

由于占领城市的收益颇丰，并且一城之主象征着游戏中的最高荣耀，因此各大血盟都对定期开放的攻城战有着极大的热情。无法参与的人们也因为税率问题十分关注攻城战的结果。当时韩国的游戏媒体还定期刊登攻城战的战报。不得不说，以电子竞技闻名的韩国，确实为 MMO 带来了不一样的玩法，吸引后续的作品纷纷借鉴。

可惜的是虽然《天堂》在韩国本土、中国台湾及香港都获得了巨大的成功，但它却没能在中国大陆市场取得应有的评价。真正让国人认识韩国制造的，是另一个画面并不出色、看起来毫不起眼的游戏——《传奇》（图 2.4.65）。

图 2.4.65 《传奇》游戏画面

在 2001 年 11 月份，《传奇》开始公开测试，在短短半年时间内，《传奇》的在线峰值就已经突破了 50 万人，成为全世界在线人数最多的网络游戏。根据盛大网络的公开资料显示，2003 年，传奇的注册用户达到 7000 万人。《传奇》在中国运营的成功是史无前例的，盛大网络靠《传奇》起家并于 2004 年在纳斯达克上市。直到 2015 年盛大游戏私有化退市前夕，《热血传奇》依然是盛大最主要的收入来源。

从游戏设计层面来看，《传奇》并非当时的佼佼者，传统的动作类角色扮演玩法并不新鲜。但是游戏中的物品掉落、PK、攻城、帮会和地牢内的资源争夺，无不体现了非常强的社交和冲突属性。直到 2016 年，依然有大量的玩家为了夺取沙巴克城在服务器中厮杀。这也给后续的网络游戏设计提出了一个课题：网络游戏的核心，到底是人和游戏的交互还是人和人之间的交互？

从文字到 2D，从 2D 到 3D，每一次视觉效果上的变革都在网络游戏的发展起了至关重要的作用。2002 年下半年，网络游戏开始 3D 化的浪潮。在这一年，第九城市（the9）将一款 3D 网游带到了中国玩家面前——《奇迹 M-U》，精美的画面表现让这款游戏短时间内就抓住了玩家的眼球（图 2.4.66）。得益于 OpenGL 的 3D 技术，奇迹中角色的服装可以任意组合搭配，并实时显示在游戏中，不同级别的服装还会拥有截然不同的装备特效。即便是最初级的革衣在升级之后也带有流光溢彩的特效，视觉效果上的满足感和成套装备带来的成就感极大地满足了玩家的收集欲望。

图 2.4.66 《奇迹 MU》游戏画面

如果说《天堂》《传奇》是以人与人之间的互动和丰富的游戏性获得了市场的认可，那么《奇迹》（MU）的成功，则可谓抓住了人性而创造的奇迹。游戏设计相当简洁，职业设计也并不复杂。但精美的画面，加上怪物掉落的随机性，不停地刺激着玩家的感官。老玩家应该都记得祝福宝石（一种升级装备的宝石，游戏中的一般等价物）的掉落音效。"叮"的一声足以让人为之一振。装备的特效也可以彰显一位玩家的身份——同样的装备，不同的强化等级，有着完全不同的外观表现。即便是最普通的套装，强化到顶级也是金光闪闪、流光四溢。就在这种斯金纳盒（skinner box）模式的奖赏设计下，玩家重复着打怪——升级装备——打怪——升级装备的循环不可自拔。

这些韩国网游在中国的成功，也间接带动了整个行业的发展。从 2001 年开始，以盛大、网易为代表的一批网络游戏公司，以《传奇》《奇迹》为代表的一批网络游戏，迅速成为中国网民的网络娱乐主题，网络游戏行业成为新兴的热门行业。

2004：《魔兽世界》

2004 年底，经历了《网络创世纪》的缺席，《无尽的任务》和《魔剑》的失败，欧美的网络游戏大作均在中国折戟沉沙。所有人都认为韩国游戏会席卷一切，继续统治中国的游戏市场，直到《魔兽世界》（World of Warcraft）的出现（图 2.4.67）。

图 2.4.67　《魔兽世界》游戏画面

这是暴雪娱乐（Blizzard Entertainment）所开发的第一款大型多人在线角色扮演游戏（MMORPG），于 2004 年 11 月在北美发行。《魔兽世界》在中国大陆 2005 年 3 月 21 日下午开始限量测试，2005 年 4 月 26 日开始公开测试，2005 年 6 月 6 日正式商业化运营。至 2008 年底，全球的魔兽世界付费用户已超过 1250 万人，在全世界网络游戏市场占有率为 62%，被收录至《吉尼斯世界纪录大全》。根据暴雪娱乐公布的数据显示，截至 2014 年，全世界创建的账号总数已超过 1 亿，人物角色达到 5 亿。共有 244 个国家和地区的人在玩《魔兽世界》。

《魔兽世界》无论是在游戏设计、画面表现，还是玩家口碑方面都达到了有史以来的顶峰。暴雪娱乐展现出了 MMORPG 设计的最高水平，时至今日也无人能出其右。游戏中首创了许多非凡的设计，例如玩家阵营、无缝衔接的大地图、地下城副本、治疗—坦克—伤害输出的职业搭配、团队合作 boss 战等。

在中国的网络游戏市场上，虽然经历过若干运营事件的风波，《魔兽世界》仍然一家独大，稳坐 MMORPG 第一的位置。有分析认为，《魔兽世界》垄断了 MMORPG 市场反而是网游类型的多元化发展的一个促进因素。正是因为《魔兽世界》难以超越，因此才会有更多的厂商去开发其他类型的网络游戏。

2005—2015 自研，免费、休闲：腾讯游戏的十年

2000—2005 年，是中国网游市场发展最为迅速的几年，伴随市场规模扩大厂商收入的提高、游戏设计理念的不断发展，各式各样的问题也接踵而来。

首先是几乎所有的游戏都是国外引进代理，国内的厂商仅仅承担"运营"的角色，对游戏的设计和开发没有任何控制权。如果面对的是较为强势的开发商，代理方很容易沦为单纯的服务器维护者。代理游戏还面临收入的分成，由此而产生的官司和纠纷不在少数，《传奇》《魔兽世界》《劲舞团》都经历过法律诉讼。因此，自主研发可完全掌控的国产网游，尽量减少对韩日欧美同质化严重游戏的代理已经成了国内绝大多数厂商的共识。

其次，经历了五年的野蛮增长，网络游戏也进入了普通民众的生活，不再是什么新奇的事物。当关注度和新鲜感褪去，游戏本身的娱乐属性也为其带来了一系列舆论上的抨击。玩物丧志、不务正业、电子海洛因等评论此起彼伏。当时市面上大部分网络游戏都是非常重度的角色扮演类型，需要投入大量的时间和金钱，游戏往往还包含一定的暴力因素，更是让这种情况雪上加霜。加上《魔兽世界》角色扮演类型上的垄断地位，因此开发创新类型，特别是休闲类的网络游戏也被提上了众多代理游戏公司的日程。

最后，自 2000 年网络游戏陆续登陆中国市场，绝大多数网络游戏都采用了按时长收费的商业模式。而 2003 年，韩国则出现了依靠出售游戏中道具来盈利的新形态付费模式。其中包括跨平台的音乐游戏 *DJMax* 和 2004 年长期占据韩国网游排行榜榜首的《洛奇》。紧随其后，中国也有公司宣布旗下的网游开始实行免费模式，到了 2005 年，这种趋势越来越明显，《劲舞团》《热血江湖》这样的热门游戏也宣布免费。11 月 28 日，曾经玩家规模最大的《热血传奇》宣布永久免费。2006 年，随着中国自研产品《征途》的发布，中国大陆市场开始全面进入免费游戏时代。

免费的一大好处就是降低网络游戏的门槛，让新手也可以无成本地投入大量时间研究游戏，这对于游戏的推广是一个正面作用，而对游戏进一步产生兴趣的玩家，以及付费能力较强的玩家则可以选择购买道具和更多的增值服务。但另一方面，免费模式也让游戏的平衡性和秩序变得更加混乱。付费玩家和非付费的玩家很容易形成对立群体。游戏本身的设计上比时长收费游戏更难、更考验游戏策划的功力。急功近利，从收入至上的角度考虑而设计的付费功能破坏游戏本身平衡性的事件也频繁发生。

正是在这样错综复杂的环境下，腾讯把握住了 PC 网络游戏发展的趋势，异军突起，用了 10 年时间，从一个游戏行业的门外汉一跃成为行业内的头把交椅。[①] 在这十年间也在中国的游戏史上留下了许多具有代表性的游戏作品。

2004 年 12 月——《QQ 堂》：腾讯旗下第一款游戏

《QQ 堂》是 2004 年底腾讯公司推出的一款休闲娱乐的游戏。游戏创意源自炸弹人玩法，虽然道具设计、按键、界面、系统、地图都与泡泡堂相似，但是它开发了新的系统，成为一款在国内很受欢迎的游戏。

2006 年 7 月——《QQ 音速》

《QQ 音速》是由韩国 Seed9 开发的一款音乐与竞技相结合的网络游戏，韩国由 Neowiz 运营，中国由腾讯代理运营。

2007 年 5 月——《穿越火线》

《穿越火线》（Cross Fire，CF）是一款第一人称射击游戏的网络游戏，玩家扮演控制一名持枪战斗人员，与其他玩家进行械斗。游戏由韩国 Smile Gate 开发，在韩国由 Neowiz

---

① （根据市场研究公司 Newzoo 公布的数据，全球游戏公司收入排行榜：腾讯游戏以 17.14 亿美元跃居全球榜首，超过微软、索尼、任天堂、苹果以及 EA、动视暴雪。在中国市场内部，腾讯拥有 51.43% 的市场份额）。

发行。该游戏在中国由腾讯公司运营。

2008 年 1 月——《QQ 飞车》

《QQ 飞车》是由腾讯琳琅天上游戏工作室（后改名为"天美工作室群"）开发的一款网络游戏，最高同时在线已超过 300 万人。游戏结合休闲和竞技玩法，是专为 QQ 用户打造的一款时尚赛车游戏，采用了物理引擎 PhysX 来保证车辆运行时的真实感，给玩家带来流畅的操作手感和驾驶体验（图 2.4.68）。

图 2.4.68　《QQ 飞车》游戏画面

2008 年 4 月——《QQ 自由幻想》

《QQ 自由幻想》是一款由《QQ 幻想》制作团队原班人马全新打造的一款 2D 大型多人在线网络游戏 MMORPG。它迎合当前中国网络游戏市场发展趋势，采用永久免费（道具及增值服务付费）的模式运营。

2008 年 5 月——《QQ 炫舞》

《QQ 炫舞》是腾讯公司 2008 年推出的一款强调休闲、时尚、交友的在线多人 3D 界面音乐舞蹈游戏，由腾讯公司与北京永航科技联合发布。并与 QQ 深度进行深度融合，建立起丰富的休闲社交体系。

2008 年 6 月——《地下城与勇士》

《地下城与勇士》是一款免费 2D 卷轴式横版格斗过关网络游戏（MMOACT），继承了家用机、街机 2D 格斗游戏的特色，实现了网络领域的格斗体验，具备领域独创性；同时，游戏玩法多样，以任务引导角色成长为中心，结合副本、PVP、PVE 为辅，周边系统完善、重视玩家交互。

2011 年 9 月——《英雄联盟》

《英雄联盟》是由腾讯全资子公司 Riot Games 公司开发的 3D 竞技场战网游戏，其主创团队是由实力强劲的魔兽争霸系列游戏多人即时对战自定义地图（DOTA-Allstars）的开发团队，以及动视暴雪等著名游戏公司的美术、程序、策划人员组成，将 DOTA 的玩法从

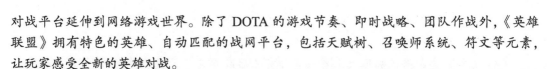

对战平台延伸到网络游戏世界。除了 DOTA 的游戏节奏、即时战略、团队作战外,《英雄联盟》拥有特色的英雄、自动匹配的战网平台,包括天赋树、召唤师系统、符文等元素,让玩家感受全新的英雄对战。

2012 年 6 月——《御龙在天》

《御龙在天》是一款由腾讯天美工作室群开发的大型国战网游,取材于三国历史。它与大多数游戏中的江湖恩怨、情仇爱恨、兄弟情义所引发的 PK 斗争更为壮烈,含义也更为丰富。

2013 年 12 月——《逆战》

《逆战》是由腾讯天美工作室群开发、腾讯游戏发行的网络游戏(图 2.4.69)。游戏采用第一人称射击形式表现,采用虚幻 3 引擎开发。《逆战》是以机甲模式为核心近未来风格游戏,游戏有四个资料片:《机甲风暴》《钢铁雄心》《魔都惊魂》《异族崛起》《僵尸世界大战》。

图 2.4.69 《逆战》

虽然网络游戏在这 20 年中实现了飞速发展,从非主流平台到占据游戏行业的一席之地,但任何一个行业都不可能毫无瓶颈地无限增长,只有那些顺应历史潮流的游戏——比如跨端和移动端游戏,才能在网络游戏市场的变革中留存下来,迎来发展的新的高峰。

2.4.5 手机游戏发展史:从非主流到主流

1. 1994—2002:手机游戏发展的初期阶段

从家用机和 PC 游戏的发展史中可以看出,游戏的发展往往高度依赖硬件的进步,因此,随着手机渐渐成为我们身边的智能化中心,游戏也逐渐成为手机的一个不可或缺的功能。手机游戏也从手机面世初期的一个附属小功能,发展到了现在月收入动辄超过 10 亿元人民币的规模——就像《皇室战争》(Clash Royale)。这些年,手机游戏从小到大,从弱到强,从游戏市场的配角到核心,它是怎样一路走来的呢?

可查证的最早的手机游戏是 1994 年的《俄罗斯方块》移植版，搭载在一台由丹麦的手机厂商 HAGENUK 制造的 HAGENUK MT-2000 移动电话上，比手机巨头诺基亚早了整整三年（图 2.4.70）。但这款游戏只是移植之作，并且游戏功能比起其他平台的版本有着很大缺失——如画面行数不到 20 行等。所以，它并没有受到市场的青睐，无论是当时的影响力，还是对后世而言的历史意义，都并不足够。

在小型手机厂商跃跃欲试的时候，当时的主要手机厂商诺基亚还并不知道自己能利用手机来做些什么娱乐功能——或者换句话说，它知道，但办不到。黑白点阵屏幕的分辨率极低，处理器和操作系统的性能低下，还没有高速网络可用来推送游戏客户端；更重要的是商业模式的缺失，让这个曾经的巨人束手束脚；而手机用户对游戏的需求也仿佛一片黑洞。大家似乎对手机这个新奇设备的需求仅仅停留在打电话上，能通话已经足矣，还要什么游戏呢？但另一方面，同一时期，随着《精灵宝可梦》的盛行，任天堂的掌机已经在全球热销，这一切，诺基亚都看在眼里。

1997 年，诺基亚终于下决心水试手机游戏，它们在 Nokia 6110 发布了《贪吃蛇》（Snake）——这款游戏同样移植自其他平台（原本是一款 PC 游戏）。《贪吃蛇》简单有趣的风格，吸引了大批手机用户（图 2.4.71）。

图 2.4.70　世界上首个搭载游戏的手机 HAGENUK MT-2000 及《俄罗斯方块》游戏画面

在取得初步成功之后，于 2000 年，诺基亚又在 Nokia 3310 上推出了《贪吃蛇 2》（Snake Ⅱ），并大获成功，在其后几年，这个游戏被预装在了几乎所有的诺基亚设备上。而超过 3.5 亿台设备带着《贪吃蛇》走遍了世界的各个角落，这也使《贪吃蛇》系列成为世界上玩过的人最多的游戏之一。在后续的《贪吃蛇 3》（Snake Ⅲ）中，诺基亚甚至为这个游戏还开发出了蓝牙对战功能（图 2.4.72）。

图 2.4.71　Nokia 6110 和最早的《贪吃蛇》手游版游戏画面

图 2.4.72　《贪吃蛇 2》和《贪吃蛇 3》的游戏画面

不过，与早期电子计算机上的《井字棋》类似，手游版《俄罗斯方块》和《贪吃蛇》只是两个移植游戏，它并不是真正为手机这个平台量身定制的游戏作品，而只是作为手机厂商促进手机销售的一种手段。因此，他们都只是作为个案而存在，未能够使"手机游戏"作为一个游戏的重要门类，登上历史舞台。

无独有偶，从1997年开始，日本的手机厂商也打起了移植游戏到手机平台的主意。这一阶段的作品代表就是《宠物蛋》(Tamagotchi)手机版。宠物蛋是万代(BANDAI)公司于1996年推出的著名电子玩具，开创了"电子宠物"这一特殊的便携游戏类型，在全球刮起了为期十年的流行狂潮。而于1997年推出的《宠物蛋》的手游版，搭载在为其**量身定制**的PHS电话上，具有非常好的游戏体验（图2.4.73）。

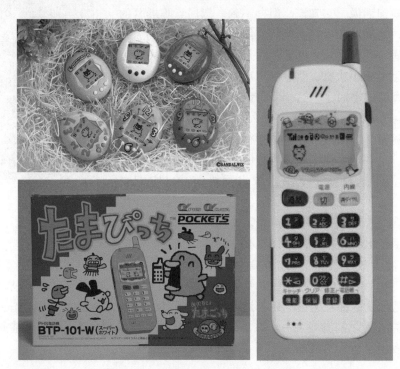

图 2.4.73　宠物蛋和搭载了《宠物蛋》的 PHS 移动电话①

从图2.4.74可以看到，这款手机把《宠物蛋》印在了自己的包装盒上，以此作为产品的核心宣传概念。并且，这款《宠物蛋》手机，也是史上**第一款以游戏为主要功能之一的移动电话**。此后，诺基亚在此基础上，把"游戏手机"的概念发扬光大，推出了N-Gage。

在PHS版《宠物蛋》获得了一定成功之后，万代趁热打铁，出品了一系列《宠物蛋》的手机游戏，而彩屏手机在日本面世较早，又催生了一系列彩屏《宠物蛋》游戏。这在全球游戏市场中，都是比较领先的。

尤其值得注意的是，《宠物蛋》首开了为游戏作品量身订制游戏手机的先河，这对手机游戏的发展是一大贡献。

---

① 个人手持式电话系统（英语：Personal Handy-phone System，PHS），某些市场称为个人电话存取系统，在中国大陆俗称"小灵通"。

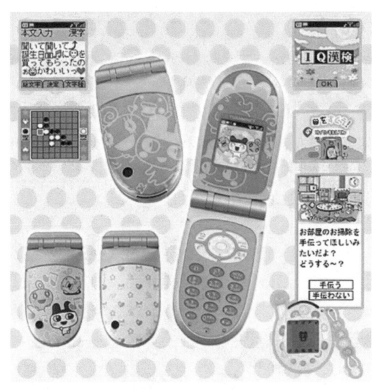

图 2.4.74 搭载了《宠物蛋》的彩屏手机

2. 2003—2008：手机游戏平台化的最早尝试——N-Gage

2003 年，诺基亚进入了自己最为辉煌的时期，市值一度超过 2000 亿欧元。这时，它终于有精力在移动游戏市场正式发力了。在这一年的 10 月，诺基亚推出了 N-Gage 手机，这也是历史上最著名的、以游戏为核心功能的移动电话（图 2.4.75）。

图 2.4.75 诺基亚 N-Gage 游戏手机

N-Gage 一代配置了当时旗舰级的 104MHz ARM 920T CPU，以及 Symbian OS 6.1 智能系统。对于 N-Gage 的市场定位，诺基亚的考虑是将其打造成一台多功能的游戏手机，本身除了具备手机的功能外，也具备 3D 游戏能力；此外 N-Gage 还有记事本、MP3、FM 广播、GPRS 无线上网等智能手机功能。至于对战功能诺基亚也没有放过，这一点上 N-Gage 做得不错，可基于蓝牙或网络支持多人对战，而非当时限制较多的红外线和线缆连接。

N-Gage 是诺基亚在这个手游的"史前时代"所研发的手游平台，其与后来的 App Store 的平台设定极为相似。根据技术开放接口，游戏开发商可以在 N-Gage 上开发或移植手游产品，用户可以经过免费试玩来决定是否购买，N-Gage 甚至支持用户创建社交关系、互动聊天、加入排行榜等功能。为了扶持 N-Gage 平台，诺基亚还生产了一系列以手游为核心主题的手机，最终也争取到了 EA、世嘉、Gameloft 等顶级游戏公司加入，为诺基亚提供手游产品。

尽管存在着诸如"游戏卡要拆开手机壳才能更换"等不少小问题，但 N-Gage 算是第一次把游戏功能比较完美地整合到移动通信平台领域，使手机用户也能享受到不输于掌机的移动游戏体验。得益于较为不错的机能，同期 N-Gage 不但有着和 GBA 相同的画面素质，而且还能运行较为精致的 3D 图形游戏（图 2.4.76），这样一款设备放在当时堪称惊艳。

图 2.4.76　N-Gage《世嘉拉力》游戏画面

只是故事的发展并不是那么顺利，由于各种各样的原因，比如设备的兼容性不佳、付费渠道、安装太过烦琐，甚至按钮没有专业的掌机来得好按——或者仅仅是任天堂的掌机游戏太好玩；总之，N-gage 最终没能达成诺基亚的期望，即使是销量最高的时候，一年也没能突破百万台——这只相当于诺基亚鼎盛时期三天的手机产量。

而在 2009 年诺基亚手机业务被智能机蚕食，公司出现亏损，风光不再。N-gage 也先是由软硬件一体化的宏大游戏体系，渐渐收缩成了诺基亚的游戏软件平台，而最终 N-gage 游戏平台也于 2011 年 1 月 1 日悄悄地停止了运营。它标志着功能手机游戏的最终谢幕，智能手机游戏的时代，马上就要来临了。

3. 2008—2012 年的智能手机游戏——走向成熟之路

2008 年，苹果带着 iPhone 和 AppStore，正式宣布进军手机市场。仅仅用了数天，AppStore 的下载量就超过了 1000 万次。如果你经历过功能机时代，你一定还记得运营商提供的各种 SP 付费下载——充斥着各种吸费陷阱的游戏和软件。而苹果最大的功绩，就是打破了通信运营商垄断内容的时代。如果说 iPhone 和 iOS 平台有什么缺点的话，那可能只剩下比较高的价格了。但是，很快 Google 又恰到好处出现，用 Android 平台填上了中低端市场的空白。

至此，一个完整的智能手机产业链初步形成，开发者、渠道、消费者被一线贯通。就如同美国商业畅销书作家 Adrian Slywotzky 在《需求：缔造伟大商业传奇的根本力量》一书中写道：

"汽车的发明本身，只不过是所有必备条件这幅巨大拼图的一小块而已。标准化的公路标示、现代道路设计标准、州际公路系统，以及巨大的支持性商业网络，如加油站、维修店、路边餐厅、汽车旅馆、室内停车场。只有当所有这些问题统统得到解决，千千万万人对旅行和机动性的深层渴望，才能转化为对汽车的需求。"

在支付、硬件、社交、下载、游戏体验都相对完善之后，市场和用户对手机游戏的需求终于被点燃了。从 2009 年开始，一大批优质的手机游戏，涌现在以 iOS 和 Android 为代表的智能手机平台。

2009 年 4 月 6 日登录 AppStore 的《涂鸦跳跃》（*Doodle Jump*）是智能手机时代最早大范围流行的游戏作品（当时整个 AppStore 上架的应用总数也只有三万多个[①]）（图 2.4.77）。游戏描写了一个身背火箭的，被称作"The Doodler"的四足生物，穿越各种障碍物向外太空跳跃的过程——而玩家只需通过简单的点触或倾斜操作，控制"The Doodler"的移动轨迹。

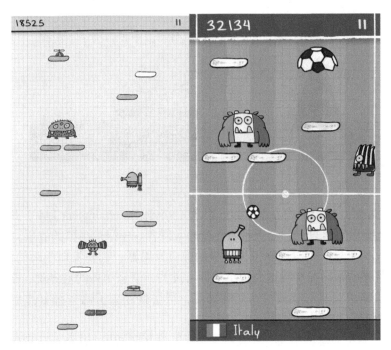

图 2.4.77　《涂鸦跳跃》游戏画面

除了传统的"向上跳跃"玩法之外，游戏在为期两年的不断更新当中，还创造了非常丰富的其他玩法，如 2010 年世界杯期间更新的足球玩法等。

---

① 截至 2009 年 4 月 23 日，AppStore 的应用总数为 35000 个。资料来源：Apple's Revolutionary App Store Downloads Top One Billion in Just Nine Months. Apple Inc. 24 April 2009 [3 May 2009].

智能手机游戏在整个 2009 年不断升温，而最大的惊喜，则无疑是在 12 月 11 日横空出世的《愤怒的小鸟》（*Angry Birds*）（图 2.4.78）。

图 2.4.78 《愤怒的小鸟》初版封面图和游戏画面

《愤怒的小鸟》由芬兰游戏公司 Rovio 娱乐（Rovio Entertainment Ltd.）开发，讲述了一群小鸟依靠大弹弓发射自己，消灭偷吃鸟蛋的入侵者——绿色小猪的故事。

在游戏中，玩家只需要滑动触摸屏，拖动弹弓发射器，调整发射小鸟的角度与力度，令小鸟以各种各样的抛物线准确地命中小猪即可过关。愤怒小鸟的世界观、剧情与玩法高度契合，且玩法简单又具有挑战性与研究深度，很快就俘获了诸多玩家的心，在 2010—2011 年度成为最受欢迎的电子游戏。

据不完全统计，《愤怒的小鸟》在其占领市场的两年时间里，共在 iOS、Maemo（Nokia N900）、webOS、Android、Symbian、PSP、PlayStation 3、Windows、Mac OS X、Google Chrome、Google Chrome OS、Windows Phone、Google ＋、任天堂 3DS、Facebook 等十余个平台登场，几乎覆盖了整个电子游戏玩家群。在 2011 年 7 月，该游戏的下载量已经突破 3 亿次[①]，在全世界引发了一场手机游戏的狂潮。

---

① BBC News. Angry Birds maker Rovio sued over app patents. July 22，2011 [July 22，2011].

在随后的五年时间内，Rovio 还开发了一系列《愤怒的小鸟》的续作和衍生游戏作品，共计 15 部。它们的出现，使得《愤怒的小鸟》系列形成了丰富鲜明的玩法体系（图 2.4.79）。

图 2.4.79　《愤怒的小鸟·里约版》（*Angry Birds Rio*）游戏画面

此外，《愤怒的小鸟》标志着手机游戏独有的游戏文化开始形成，其动画及电影作品也成为手机游戏文化具有代表性的衍生作品（图 2.4.80，图 2.4.81）。

图 2.4.80　《愤怒的小鸟》（*Angry Birds Toons*）卡通画面　　图 2.4.81　《愤怒的小鸟大电影》（*The Angry Birds Movie*）海报

2010 年，共有数部知名游戏作品诞生于 AppStore 平台，其中最成功的游戏无疑是《水果忍者》（*Fruit Ninja*）。

《水果忍者》由澳大利亚游戏公司 Halfbrick（Halfbrick Studios Pty Ltd）开发，借鉴了任天堂 NDS 游戏《摸摸瓦力欧制造》（*WarioWare: Touched*!）的"触屏削物"小游戏玩法，加以简化和创新，创造了"滑动屏幕砍削水果"的成功玩法模式（图 2.4.82）。

除经典的玩法之外，精良的动作表现和精致的画面细节也是水果忍者成功的关键因素。随手指而动的忍刀轨迹和爆裂四溅的果浆，使得切水果的动作在屏幕上栩栩如生，带给玩家特别的爽快感。

图 2.4.82 《水果忍者》游戏画面

图 2.4.83 《神庙逃亡》的游戏画面

2011 年最值得注意的手机游戏是该年 8 月 4 日问世的《神庙逃亡》（*Temple Run*）。神庙逃亡由美国 Imangi Studios 开发，是最著名的手机 3D 跑酷游戏，也是智能手机平台最早的 3D 游戏之一。它的出现，标志着智能手机游戏正式进入了 3D 时代。

《神庙逃亡》的玩法和规则非常简单，滑动控制始终处于屏幕下端的主人公向左右两侧移动和跳跃躲避障碍物即可。只要不按暂停键，主人公就会不停向前奔跑（偶有跳跃），而不会出现停止、行走等其他动作，直到生命值归零为止。游戏是通过主人公生命值归零时的奔跑距离计算成绩的。游戏操作简单易懂，与难度循序渐进的关卡设计结合后，挑战性不断提升，可以为玩家带来绝佳的心流体验。在画面表现上，游戏的 3D 画面精美，人物的动作流畅，在早期的智能手机游戏中无疑算是质量上乘。因此，在 2011—2012 年，本作是智能手机平台最流行的游戏之一（图 2.4.83）。

4. 早期手机游戏的几个特点

到目前为止，我们列举了诸多成功的手机游戏。从**游戏性层面**对它们进行归纳分析，大致可以看到以下这些共同特点。

1）玩法借鉴自经典游戏，强调简单化、轻量化

总的来说，由于用户群的特殊性（手机游戏玩家首先是手机用户，然后才是非核心向的游戏玩家），手机游戏在设计上重视玩法的简单化、轻量化，而做到这一点最容易的方式就是借鉴和简化经典游戏的玩法——这也成为手机游戏的明显特征。

以我们之前论述的手机游戏为例，《水果忍者》借鉴了《摸摸瓦力欧制造》的"触屏削物"玩法；《涂鸦跳跃》借鉴了《雪人兄弟》不断向上跳跃的玩法理念和纵向卷轴的空间设计；《神庙逃亡》的玩法、空间设计则与《索尼克大冒险 DX》等始祖 3D 跑酷游戏比较相似；就连《愤怒的小鸟》也几乎是照搬了 2009 年 4 月的游戏《粉碎城堡》（图 2.4.84）。

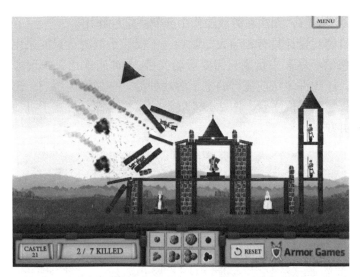

图 2.4.84　《愤怒的小鸟》的原型——《粉碎城堡》的游戏画面

这使得早期手机游戏容易形成经典易学的游戏玩法，但比起其他平台的电子游戏，也更加单调。大量游戏作品都拥有高度重复的游戏体验——玩家的游戏过程，从游戏的前期到后期，往往没有非常大的变化。

简单的玩法对于吸收轻度游戏玩家、扩大游戏的受众是有好处的，但往往也让玩家没有持续游戏的动力。因此，大量手机游戏上市不久，就会因人气不足快速消失。即使是成功者，也很难通过续作等方式把游戏的血脉延续下去，这是因为原有的游戏玩法过于简单，可改进余地不足。这种情况下改进太少则与原作相同，改进太多则像是另一款游戏。这一切使得手游作品的续作往往处于一个非常尴尬的境地。很多成功作品的续作，如《愤怒的小鸟 2》《我叫 MT2》《植物大战僵尸 2》（ *Plants vs. Zombies 2: It's About Time* ）[1] 等，改进点是外围的种种系统，而核心玩法往往与前作高度一致，所以玩家流失往往很快，均未能获得超越前作的关注度。

从游戏史角度来看，简单玩法使得早期手机游戏的经典程度不足，对整个电子游戏发展的贡献不大。大多数这一阶段的手游依然是对其他平台游戏各种程度上的复制品——这种状况，直到 2015 年以后才逐渐发生改变。

2）操作方式强调简单和模糊化

功能手机时代，手机的性能往往较薄弱，加之手机便携性的要求，只能采取其他游戏设备不会采用的薄膜式按键，这使得功能手机游戏的操作体验远远比不上其他游戏平台——只有贪吃蛇一类操作极为简单的游戏可以让玩家勉强接受。即使是功能手机中游戏体验最好的 N-Gage，操作体验也无法与同期的掌机，如 GBA、PSP、NDS 相提并论。

智能手机的操作方式以电容式触摸屏的点触和滑动为主，所以智能手机游戏也严重依赖这种操作方式。与从前电子游戏使用的手柄、街机控制台、键盘鼠标乃至功能手机的电阻式触摸屏等控制器相比，电容式触摸屏的最大特点是操作的精确度较弱，无法做到绝对精确。触屏之外可以用来辅助操作的手机硬件几乎只有陀螺仪和麦克风（借助语音识别），

———————————————
[1]　本作初代（即《植物大战僵尸》）为首发于 PC 的多平台游戏，但本作是完全的手机游戏。

它们的精确度也并不足够，无法在游戏操作中起到决定性作用。

这对早期手机游戏设计具有相当大的影响，不仅让手机游戏只能采用较为简单的操作方式——如《愤怒的小鸟》中玩家只需要滑动弹弓、《神庙逃亡》中玩家只需要粗略地向左右滑动主人公，还让许多从前流行的电子游戏种类——如格斗游戏，第一人称射击游戏等，都无法轻易移植到手机平台。图 2.4.85 展示的模拟摇杆，便是手机动作游戏控制的一种不太成熟的解决方案。

图 2.4.85 固定式模拟摇杆：触屏 ACT 控制的早期解决方案（《天天炫斗》）

操作在某种程度上极大制约了智能手机游戏玩法的复杂度，但在未来的日子里，它还将被不断改进，最终形成一种更加成熟的操作体系。

3）游戏过程短平快，强调利用碎片化时间

智能手机并非专门的游戏设备，手机游戏玩家的主要游戏场景，一般发生在日常生活的短暂闲暇时间中，如等公交地铁时、如厕时、课间、睡前等，也就是常说的"碎片时间"。所以，成功的手机游戏的一个核心玩法循环①，往往都只有几分钟（图 2.4.86）。如果游戏过程持续时间过长，玩家就可能不得不中断游戏——这对于手机游戏玩家的存留是致命的。

图 2.4.86 手游名作《刀塔传奇》的每局游戏时间一般不超过 3 分钟②

---

① 核心玩法意义上，从游戏开始到结束的一个周期。一般常用"一局 / 一关 / 一场游戏"等方式表述。

② 游戏时间仅是其灵感来源 Dota 的 1/10。

因此，早期手机游戏的游戏过程往往有"短平快"的特点，这又使得它从整体结构到玩法设计上，不得不偏向简单化的制作思路。

综上所述，与其他平台游戏相比，手机游戏在规则、玩法甚至制作上，具有简单化、快餐化的特点——复杂的大制作、核心向游戏，要到2015年以后才在中国手游厂商的推动下逐渐出现和受到欢迎。

4) 2012—2016年的智能手机游戏——中国手游的革新贡献

国产游戏自20世纪90年代初诞生以来，近20年间，始终亦步亦趋地跟随着外国厂商的步伐，从8位电视游戏时代、PC单机游戏时代，直到PC网游时代，经历了完全复制、简单模仿、有限创新、深度创新等几大阶段。在此期间，中国游戏业也随之积累了大量的人才、技术储备。当所有的种子均已种下，一个开花结果的时刻必将到来。

随着智能手机和移动互联网在中国的普及和发展，手机游戏注定会成为中国游戏厂商大放异彩的舞台。在手机游戏时代，中国厂商也终于为整个游戏业界做出了属于自己的重大贡献。

让我们继续沿着本单元的时间线，回顾中国手机游戏崛起的整个过程吧。

2012年，智能手机游戏依然不断升温。这股热潮终于引起了中国游戏厂商的注意，一些中小型的游戏厂商迅速投入了手游的研发工作。很快，一批优质手游开始崭露头角。

成立于这一年年初的创业公司——凯罗天下所开发的塔防手游《保卫萝卜》就是这一时期的代表作品（图2.4.87）。

图2.4.87 《保卫萝卜》初代游戏画面

2012年8月7日登陆iOS平台的《保卫萝卜》讲述了一群拟人化的可爱小生物，从害虫的手里保卫大萝卜的故事。游戏为最基础的塔防玩法——单击地图建造炮台、等待炮台消灭敌人。游戏运行流畅，画面表现诙谐可爱。游戏取得了不错的成绩，仅在2012年，本作在iOS平台的下载量就突破了5000万次，并获得了AppStore中国区2012年的年度最佳游戏提名。虽然本作在玩法创新方面没有太大的亮点，不过它证明了中国厂商的研发实力，还把中国手游市场的庞大潜能向全世界做了一次展示。

在《保卫萝卜》之后，一些更加重要的游戏厂商开始进入手机游戏领域，创造了一个又一个经典的游戏作品。

相比起创业公司来，规模更大的中型游戏厂商的智能手机游戏之路，往往是从修改和移植现有作品开始的。边锋网络的《三国杀手机版》便是这一类型的代表作品（图 2.4.88）。

图 2.4.88 《三国杀手机版》早期版本游戏画面

《三国杀手机版》脱胎自中国最重要的桌面游戏作品《三国杀》。早在 2011 年 4 月，其便已以 Java 程序的形态，登录了功能手机平台。进入 2012 年后，Java 版本经过一年多的维护升级，已发展得比较成熟。因此，边锋在这一年得以迅速转型，制作了智能手机平台的《三国杀手机版》，几乎与《保卫萝卜》同期面世，并获得了一定的商业成功。

在边锋网络这样有实力的中型企业投入智能手机市场之后，游戏业的巨头们也开始按捺不住了。它们开始投入力量，默默进行着自己的研发布局。2013 年，就是他们的努力开始收到成效的时刻。

2013 年，是腾讯游戏启动手游战略的一年，从微信《飞机大战》的牛刀小试开始，到年中的十余部优质作品连发，仅在 2013 年第四季度，手机游戏业务就为腾讯创收超过 6 亿元人民币[①]，可谓势不可当。

而在腾讯 2013 年的手游阵容中，最重要的作品无疑是《天天酷跑》（图 2.4.89）。

图 2.4.89 《天天酷跑》游戏画面

---

① 资料援引自《腾讯控股有限公司截至二〇一三年十二月三十一日止年度全年业绩公布》，即 2013 全年财报。

2011 年年末，《水果忍者》设计团队打造的《疯狂喷气机》（*Jetpack Joyride*）掀起了一股 2D 跑酷游戏的热潮。此后，脱胎于传统平台过关游戏的 2D 跑酷游戏一直是手机游戏中举足轻重的游戏类型。在此类游戏中，人物会始终向画面的右侧保持高速移动，玩家需要做的是控制主人公通过跳跃等动作躲避障碍物，前进尽可能远的距离。

《天天酷跑》便是在跑酷游戏炙手可热的背景之下制作出来的，并在设计上做了一些比较大的突破。比起之前的跑酷游戏来，本作的动作更加丰富，不仅有从前跑酷游戏常见的跳跃和悬浮一类，还加入了滑铲动作。并且，本作还添加了独特的**双人跑酷**玩法，使游戏的乐趣大大增加了。

除《天天酷跑》外，三消类益智游戏《天天爱消除》也是 2013 年腾讯游戏比较重要的作品，它们直到三四年之后，依然保持着极高的人气。

进入 2014 年，国内业界的另一个巨头——网易游戏也开始在手游市场发力。这一年，他们推出了融合了 MOBA 与 ARPG 玩法的《乱斗西游》（图 2.4.90）。

图 2.4.90　《乱斗·西游》游戏画面

游戏以类 MOBA 的"推塔"玩法为核心玩法，只是把 MOBA 的人人对战变成了人机对战。玩家需要操作自己的人物，通过移动、释放技能、使用道具等种种手段，达到消灭敌人防御塔以及 boss 的胜利条件。

《乱斗西游》拥有较好的操作体验和画面表现力，在 2014 年的 3D 动作手游中，无疑是质量上乘之作。而网易成熟的运营又为本作增色不少，本作曾经夺得 AppStore 中国区畅销榜榜首，还入选了"App Store 2014 年度精选"。这些好成绩，鼓舞着网易进行下一阶段的尝试。

2015 年注定是国产手游辉煌的一年。这一年的大幕，是由网易的《梦幻西游》手机版拉开的（图 2.4.91）。

《梦幻西游 online》是网易游戏于 2003 年推出的 MMORPG，也是国产 MMORPG 中最优秀的作品之一。十年之后的 2013 年，网易游戏又推出了《梦幻西游 2》，而手机《梦幻西游》，便是基于《梦幻西游 2》制作的游戏。

图 2.4.91 《梦幻西游》手机版游戏画面

与诸多 IP 改编手游只是借用原作的世界观和剧情设定，套用一个借鉴来的简单的核心玩法，呈现出一款与其他游戏高度相似的手游不同，《梦幻西游》手机版是一款"**真正的回合制 MMORPG**"。这是这款手游最大的特点，也是它最出色的地方。

本作不仅拥有流畅的回合制战斗、精美、宽广的大地图，还把崭新的**语音社交**方式嵌入游戏过程之中——这在全世界都是非常领先的。因此，我们可以说，它是一部划时代的手游作品。它的出现，标志着 PC 平台大型网络游戏的体验，已经可以在手机端呈现；更标志着，中国手游已经开始为世界手游的发展做出重要的贡献。

腾讯游戏是 FPS 手游的最早尝试者，自 2014 年起开发的《全民突击》《全民枪王》等游戏均在市场上取得了一定成功。而在这些作品的基础上，腾讯游戏继续发力，在 2015年下半年推出了《穿越火线：枪战王者》，这是 FPS 手游的集大成者（图 2.4.92）。

图 2.4.92 《穿越火线：枪战王者》游戏画面

2015 年时，智能手机游戏已经历六七年的发展过程，技术和设计经验的积累已足以应对高水平游戏的制作需求，但对于 FPS 等操作复杂、对操作精度要求较高的游戏，业界经过了大量尝试，却迟迟无法做到还原 PC 端甚至家用机端的操作体验。自 2013、2014 年以来，不同种类的 FPS 手游往往都是通过剥夺玩家角色的自主移动功能或自主瞄准功能实现基本的游戏体验的，这样的游戏虽然流畅，却无法真正达到"FPS"游戏的要求，大大降低了游戏的可玩性。

《穿越火线：枪战王者》最大的贡献，就是在操作方面。游戏采用了**双模拟摇杆**的操作模式——左摇杆控制角色的移动，右摇杆控制角色的视角；此外，跳跃、下蹲等按键一应俱全。游戏设置了两套操作模式：一套面向核心玩家，玩家完全自己手动控制方向与射击；另一套则设置了自动开火功能，玩家只要控制方向，对准想要攻击的敌人，就可以自动完成射击。两套操作适应了不同水平玩家的需求，可以说是比较完美地解决了手游 FPS 的操作问题。

另外，在内容方面，《穿越火线：枪战王者》也比较完美地还原了经典 FPS 网游《穿越火线》的游戏内容和画面表现。不仅如此，游戏还制作了原创的剧情模式，还拥有手游的独特玩法，十足的诚意也让游戏获得了空前的商业成功。

2015 年年末，又一部重要的游戏——《王者荣耀》横空出世了（图 2.4.93），与《穿越火线：枪战王者》对 FPS 的贡献相似，它同样通过对操作的革新打开了 MOBA 类手游的新局面。

图 2.4.93 《王者荣耀》游戏画面

MOBA 游戏玩法在本质上是一种 RTS、ACT 与 RPG 元素的组合[①]，这样的玩法，结合高强度的玩家间对战需求，使得此类游戏对操作精度先天拥有极高的要求。MOBA 诞生十余年来，成功的作品几乎清一色是 PC 游戏，而在家用机、掌机平台上，连普通的 MOBA 作品都极为少见。这归根结底，就是除键鼠之外的控制器，无法适应 MOBA 高精度的控制需求。在手机端更是如此。在《王者荣耀》之前，游戏业界曾有过许多 MOBA 手游，例如《九龙战》《虚荣》等，均未能较好解决手机端的 MOBA 操作问题。

---

① MOBA，即 Multiplayer Online Battle Arena，多人在线战术竞技场。

游戏设计概论

图 2.4.94 《白猫计划》首创的移动式摇杆：
气泡位置为摇杆的轴、光点为移动方向

但《王者荣耀》独特的操作方式解决了这个问题，作为一款 MOBA 游戏，它却勇敢地借鉴了日本著名手机 ARPG《白猫计划（白猫プロジェクト）》首创的移动式摇杆系统（图 2.4.94）——即将玩家的点击点作为摇杆的轴，再识别在此点旁边的滑动，以此判定摇杆的操作方向——再将这套系统向 MOBA 的特性做了改良，做出了"**移动摇杆＋滑动技能按钮**"的新型操作系统（图 2.4.95）。它使得玩家在手机屏幕左下区域的所有点击及滑动都可以识别为移动操作；而点击屏幕右侧的技能按钮后再向不同方向滑动，即可**向不同方向放出技能**。这套操作系统，较好地规避了手机 MOBA 游戏密集操作中容易产生的误操作问题——尤其是定向技能的释放操作问题，是手机 MOBA 游戏的一大突破。

另外，在玩法模式上，《王者荣耀》也做了一定的革新。

在战斗中智能购买装备和道具，并可以自动融合、升级的系统，也减轻了手游端玩家的操作负担，深受手机玩家欢迎（图 2.4.96）。

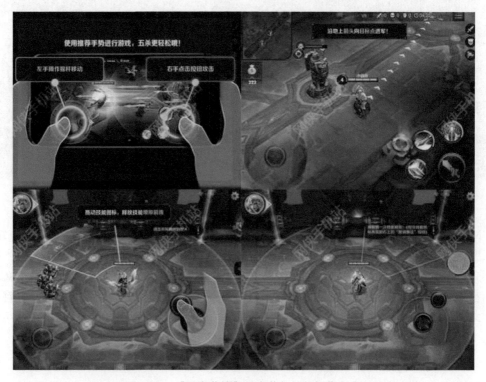

图 2.4.95 《王者荣耀》具有革新性的操作方式

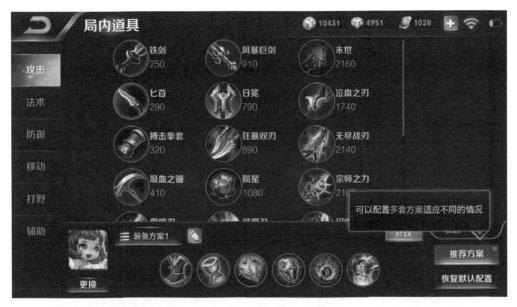

图 2.4.96　《王者荣耀》中的智能装备购买、组合系统

　　除 MOBA 传统的 5V5 玩法之外,《王者荣耀》还制作了 1v1、3v3、5v5 大乱斗三种更加适应手机端的玩法模式（图 2.4.97）。

图 2.4.97　《王者荣耀》中更加适应手游节奏的 5v5 大乱斗、3v3 和 1v1 模式

　　还有更多别出心裁的赏金联赛与娱乐模式，丰富了 MOBA 的玩法内容（图 2.4.98）。其中的火焰山大战、克隆大作战等模式，更是广受玩家的欢迎。

　　《王者荣耀》除了传统的 MOBA 对战模式之外，也注重副本、剧情任务等玩法的研发。各种冒险模式，使得喜欢联机合作挑战的玩家也得到了一展身手的机会（图 2.4.99）。

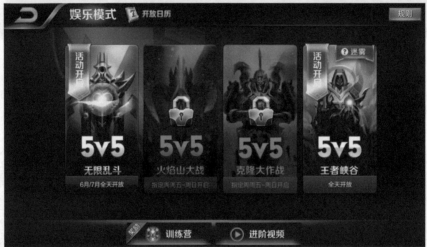

图 2.4.98 《王者荣耀》中别出心裁的赏金联赛和娱乐模式

图 2.4.99 《王者荣耀》中的冒险模式

《王者荣耀》的角色阵容也是一大亮点。创作团队为本作创造了一套具有特色的架空世界观，并在此之下进行了精心设计了角色（英雄）形象，再加上优秀的角色原画和 3D 建模，使得《王者荣耀》的角色阵容受到了玩家的欢迎（图 2.4.100）。

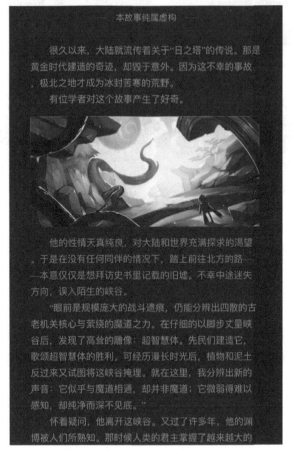

图 2.4.100　《王者荣耀》的架空世界观和角色故事

正是因为有着如此之多的优点，《王者荣耀》才在 2016 年和 2017 年成为中国市场的现象级产品。据权威移动应用数据分析平台 App Annie 统计，《王者荣耀》的用户数量和营收规模均已达到世界第一，成为世界手机游戏领域当之无愧的里程碑式作品。

就像中国现今屹立于世界的各领域一样，中国游戏从模仿者、跟随者到挑战者，一步一步发展壮大。我们希望在未来的日子里，中国手游可以为世界做出更大的贡献。

即使移动端游戏的浪潮已经来临许久，我们对于它的未来，仍然可以有许多想象空间（图 2.4.101）。新型智能手机搭载的硬件和传感器，例如摄像头、GPS、麦克风、陀螺仪、温度 / 气压传感器甚至指纹识别器等都可以为游戏所用，使未来的游戏形态更加多样化。

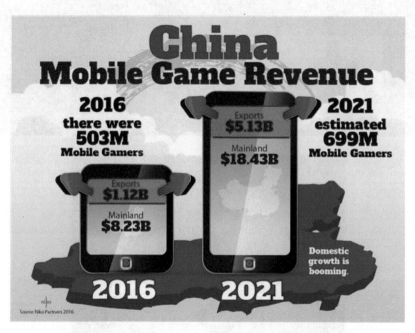

图 2.4.101　中国移动端游戏的市场规模及发展前景预测

也许未来，移动端游戏并不仅局限于手机，手机仅仅是一个窗口、一个开关，引导我们向着更广阔的游戏世界发起探索。

思考题

1. 在 2016 年上半年，有一部手游作品在全球市场获得了广泛的成功——它就是《部落冲突：皇室战争》（Clash Royale），请玩这部作品，论述它的成功之处及在游戏史上的意义（图 2.4.102）。

2. 2016 年下半年，在国产手游领域，网易游戏的《阴阳师》是一颗耀眼的明星（图 2.4.103）。请玩该作品，从核心玩法设计、世界观 & 剧情、游戏美术、音乐 & 音效、亚文化元素、商业运营等多个角度分析该游戏的亮点及对中国游戏的贡献，并写出 800 字以上论述。

图 2.4.102 《部落冲突：皇室战争》游戏画面

图 2.4.103 《阴阳师》游戏画面

（本章 2.4.4 节内容由尹宁主笔，其他部分由陈泽伟主笔）

第3章

游戏的规则和系统设计入门

　　了解了游戏的本质和历史发展，相信你对游戏一定有了一个比较全面的认识，而在本章，我们将开始实际动手初步设计一个游戏。

　　本章将引导你了解游戏的内在结构，并在此基础上从时间、空间两个维度，思考游戏规则的存在方式和运行方式，从而创造一个属于你自己的游戏的规则雏形。

　　然后，我们还会一步一步指导你进入设计环节，穿插分析经典游戏的设计范例，让你能够借鉴前人的经验，完善自己的设计，最终产出一份成熟的游戏策划文档。

　　现在，让我们开始吧。

3.1　了解与初步设计游戏的规则和系统

3.1.1　三级同心圆——游戏作品的构成规律

在设计规则之前,首先要学习游戏是怎样构成的。在这里,我们用"规则、系统、样态"的三级同心圆理论来阐释游戏的构成规律(图3.1.1)。我们认为,游戏从外到内由三层结构组成,不同的游戏类型组成方式略有不同,但都符合这个规律。

众所周知,游戏的存在以规则为核心,而**规则是指游戏进行所依据的最高准则——游戏中的一切活动,都要符合规则的要求**。规则是一个游戏作品的最本质内容,在一个游戏作品中,规则处于最重要的位置。在游戏设计中,规则的设计总是最先进行的。**规则具有稳定性**,它可以在游戏之外被玩家创造,但不应在游戏过程中随意被玩家改变。规则可以以一个时代的技术发展为前提,但**规则的本质与技术没有直接关系,而**是一种思想和理念,更加接近于哲学的领域。

规则(核心玩法)

系统(结构框架)

样态(外在表现)

图 3.1.1　游戏构成的三级同心圆

然后,**游戏的最外层组成部分是"样态",样态仅指基于感性认识的外在特征。样态也是技术应用的体现**。如电子游戏的画面表现,某些户外游戏的动作与手势、桌面游戏的包装设计与道具的颜色形状等。样态与游戏的本质无关,即使发生改变,也不会对游戏的规则和过程产生决定性的影响。在游戏的创作中,样态往往是最后才被确定的。在游戏过程中,样态因玩家的介入而随时发生变化。

"形式"是居于样态之上、规则之下的组成部分,是游戏的框架、进行方式与游戏进行所必不可少的结构。与样态一样,形式也可以是技术的体现,但又不完全是技术应用,如游戏的情节与故事背景,桌面游戏里的棋盘、卡牌和游戏道具的种类,电子游戏的程序、核心规则之外的附加系统等。游戏**形式中创意和理念的部分**不属于技术内容,也不属于剧情和世界观,我们可以用"系统"代指。**游戏的系统,是规则的补充和完善,是游戏运行的关键部分。**

所以,如果是样态是皮肉,形式是骨架,二者是技术的体现;那规则就是游戏的灵魂,是思想和理念。简而言之,游戏的规则就是"怎么玩"。**游戏规则的设计,是整个游戏设计的核心和第一步;而系统设计,则是紧随其后的第二步工作。**

三级同心圆的理论中,"系统"的部分可能比较难以理解,所以,我们为大家准备了示例分析。在下一节中,我们将实际运用三级同心圆理论,去分析一个经典游戏作品的构成,从而更深刻地理解规则和系统对于游戏的意义。

3.1.2　解构经典游戏——学会分析游戏规则和系统的本质

下面,我将以世界上最简单的游戏之一的猜拳为例,系统阐释样态、形式、规则的存在方式及规则对游戏作品存在价值的决定性作用。

猜拳游戏的规则显而易见是:两个游戏者同时做出"石头、剪子、布"三种手势的一种,其中石头可以战胜剪子、剪子可以战胜布、布可以战胜石头,胜负在手势做出时即刻揭晓。

众所周知，猜拳游戏以"石头、剪子、布"的手势为最重要的外在特征，而此游戏的样态也恰恰是这三种手势，也就是说，它是可以被抛弃的（图3.1.2）。

让我们来开美国人一个小小的玩笑，来玩另一个"三权分立"游戏吧：两个游戏者同时拿出"总统、国会、最高法院"三张照片中的一张，其中总统可以战胜国会、国会可以战胜最高法院、最高法院可以战胜总统，胜负同样在照片被拿出时即刻揭晓（图3.1.3）。这个游戏，形象地表现了美国的三权分立，而且道具和内涵都非常复杂，看上去是很"高级"的游戏。但是，它和猜拳游戏真的有什么不同吗？

图 3.1.2　猜拳游戏"石头剪子布"的规则　　　　图 3.1.3　猜拳游戏"三权分立"的规则

让我们来看看猜拳游戏的规则图解：

简单明了。那么刚才那个游戏的玩法图解呢？

原来是相同的！这两种游戏的手势和道具虽完全不同，却本质上其实是同一个游戏。

所以，手势（或刚才的照片）只是猜拳游戏的样态，是可以更改的。**而猜拳游戏中无法动摇的规则，是几种事物的互相克制——这种相克表现为一个循环；游戏必须通过这种相克，在玩家之中产生一名胜利者。**只要这种相克的循环和玩家的胜利不被破坏，猜拳游戏就始终是猜拳游戏——这便是规则的存在意义。

那么，猜拳游戏的系统在何处呢？

记得我刚才说过，猜拳游戏是两名游戏者的游戏。为什么这么说呢？这是规则中关于胜利者的条款所决定的。众所周知，猜拳游戏中经常出现平局，而因为平局无法产生胜利者，不能算是成功的游戏过程，所以在平局出现后，猜拳的游戏过程需要重新进行一次。因此，为了避免游戏过程的失败，**平局出现得越少越好**。不难算出，在有两名游戏者时，猜拳游戏共有九种可能的游戏过程，其中平局有三种，游戏过程失败的概率为33.3%，已经是非常高的数字了。然而，当有三名游戏者时呢？共有27种可能的游戏过程，但是，其中的失败过程，却不仅仅是三个人出了同一种手势的平局这么简单了！三个人出了三种互不相同的手势，互相克制然而却不能产生胜利者，算是平局，失败；两个人出了相同的手势，战胜了另一个人，但是依然无法产生一名胜利者，游戏仍要再进行一次，虽不是平局却也要算作失败；当然，三个人出了相同的手势这种两人游戏中经常出现的平局也还是要算进去的——这样，游戏失败的过程便有18种，失败的概率为66.7%，整整多了一倍！在双人游戏时，通过两次游戏决出胜利者的概率是88.9%，而通过三次游戏决出胜利者的概率则高达96.3%；但在三人游戏时，通过两次游戏决出胜利者的概率则仅为66.7%。很容易发现，在猜拳中，**游戏过程的失败概率是随着玩家人数的增加而不断增加的**，在游戏者数量很多的时候，猜拳游戏将会由于失败概率过大而完全无法进行。

同理，当猜拳游戏不是由三者相生相克，而是由四者相生相克——如我国部分地区流行的"棒打老虎鸡吃虫"——时，同样拥有大量的平局情况。由图3.1.4可见，当"棒"与"鸡"

相遇，"老虎"与"虫"相遇时，游戏过程均是平局。加上手势相同的情况，即使是在双人的"棒打老虎鸡吃虫"游戏中，平局的情况在 16 中可能性中就占了 8 种，游戏过程失败概率高达 50%，这也是这种游戏不如"石头剪子布"流行的原因。而**在相生相克的项数增多的情况下，游戏过程的失败几率将呈线性增长**。因此，为避免平局大量出现，猜拳游戏采用三者相生相克的系统，是最佳选择。

图 3.1.4　猜拳游戏"棒打老虎鸡吃虫"的规则

因此，**双人游戏以及"三者相生相克"便是猜拳游戏最重要的系统。**

与此相似，扑克游戏"24 点"中把四则运算的结果限定为 24，也是出于成功几率的考虑，而 24 的运算目标，便是这个游戏最重要的系统。同理，在拱猪中将黑桃 Q 定为"猪"，也是拱猪最重要的系统。它们之所以是属于"形式"的系统，而不是"规则"或"样态"，是因为它们**既不是不可改变的，也不是可以随意改变的**——无论是把 24 点改为 25 点还是把"猪"从黑桃 Q 改为方块 J，都会对这两个游戏的进行过程产生重大的影响。

那么，让我们来分析电子游戏《超级马里奥兄弟》的规则和系统吧（图 3.1.5）。其规则是**"利用跳跃和跑步等移动手段，从场景起点移动到终点并触发过关条件"**，这一点从 1985 年的《超级马里奥兄弟》直到 2012 年发售的《新超级马里奥兄弟 U》始终未曾改变。而为了丰富这一核心规则，宫本茂等游戏设计师创造或借鉴了**"卷轴平台（scrolling platform）系统""金币系统""道具变身系统""敌人和 boss 系统""水管传送系统""水下场景系统"**等诸多系统——这一部分，每一代的超级马里奥兄弟系列游戏都略有改变，但保持不变的系统更多。超级马里奥兄弟系列，也正是因为这些经典的规则和系统，才如此有趣好玩的。

图 3.1.5　《新超级马里奥兄弟 U》（*New Super Mairo Bros.U*）（WiiU）

由此可见，**稳定合理的游戏规则和系统，是游戏乐趣的保证**。在游戏设计中，首先确立一个好的规则和与之相衬的系统，是非常重要的。**游戏的创作，是这样的一个过程：先有核心规则，再用外围系统一点点包裹、完善，最终像蚕蛹一样完成。**

另外，需要指出的是，在刚才用来举例的第二个猜拳游戏中，我们引入了三权分立、权利制衡的概念，如果使用这些概念是以教育或解释说明为目的的，那么它们必然也是不可被轻易改变的。于是，在这种情况下，"总统、国会、最高法院"也应该被算作这种猜拳游戏的系统。

最后补充说明，良好的样态在游戏中的作用也是至关重要的。在游戏作品的传播、扩散中，样态的推动作用尤为明显。在猜拳游戏中"石头、剪子、布"这一样态简单清楚，使玩家无须受民族、地域、语言、文化背景、教育程度、智力发展水平的限制而能够轻松地进行游戏，猜拳游戏因此获得了世界性的成功。而在电子游戏中，拥有美丽画面的游戏，对玩家的吸引力也毋庸讳言。

思考题

请说出电子游戏《俄罗斯方块》（*Tetris*）的核心规则和系统是怎样的？（图 3.1.6）如果让你修改这个游戏的系统，你会怎样做？（提示：可从"方块种类"入手）

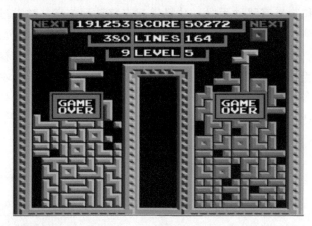

图 3.1.6 《俄罗斯方块》（*Tetris*）游戏画面（FC）

3.1.3 创造你的游戏规则

了解了规则的本质和基本构成之后，我们就将实际进入游戏规则的设计环节了。在本节中，我们将引导大家发掘游戏的核心乐趣、创造属于自己的游戏规则，并准备在未来的学习里，用子系统设计加以完善。

对于还没能拥有原创创意的同学，我们也将在本节教会你如何使用现有资源，应用"再创新"的方式创造游戏规则（图 3.1.7）。

在讲解中，我们还会穿插分析经典游戏的设计案例，帮助你更好地达到自己的设计目标。

好啦，让我们开始吧。

1. 从无到有原创游戏——发掘核心灵感

核心乐趣的寻找，是游戏规则设计的最关键一步。游戏理论的发展日新月异，但一切的开始——创造游戏规则的核心灵感的诞生，依旧具有神秘性。我们认为，游戏核心灵感

图 3.1.7 《逆战》的机甲模式是 FPS 游戏再创新的典范

的诞生与文学艺术的诞生一样,来源于人类的想象力和"美感情绪",其目的在于对精神需求的满足[44]。

简而言之,游戏的核心灵感来自于日常生活,而热爱生活、具有美学修养的游戏设计师,就可以从生活中发现属于游戏的乐趣。这就像是诗人从琐碎的只言片语中发现诗,画家从日常生活的景物里发现艺术的画面一样。

我们认为,核心乐趣的根源是一个非常简单的"点",甚至可以与游戏无关,而带有游戏性的各种元素,是不断添加进去的。

2.4.2 节中提到《吃豆人》的设计师岩谷徹,从缺了一角的比萨中获得了核心灵感——吞咽,创造了吃豆人,那么《吃豆人》的核心乐趣是怎样得来的呢?让我们参照图 3.1.8,一起复原一下岩谷徹的思维过程吧。

(1)他让比萨的嘴巴一张一合,吞咽丸子;

(2)随后把比萨简化成黄色的吃豆人角色形象,并让它吞咽蛋糕、水果等各种食物;

(3)再进一步展开想象,让吃豆人可以吞咽幽灵;

(4)而吃豆人为什么要吞咽幽灵呢?是因为它在迷宫里被幽灵追逐,吃到大丸子之后才能对幽灵展开反击;

(5)而游戏的胜利条件就是吃到散布到迷宫中的所有大丸子;

(6)吃到一个迷宫的所有丸子后,进入下一个迷宫(关卡)。

到这一步,我们可以看到,整个《吃豆人》的核心规则已经跃然纸上了。

从核心灵感生成核心乐趣,在此之上,创造整套游戏规则。这是从零开始创造游戏规则的思维过程(图 3.1.9)。

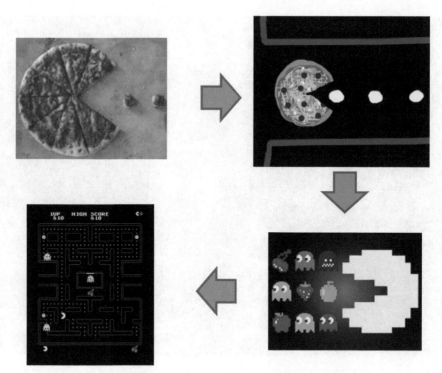

图 3.1.8　吃豆人"吞咽"核心灵感的创新过程图解

图 3.1.9　从游戏的核心灵感到游戏规则

核心灵感的挖掘部分，我们无法帮助同学们掌握，只能依靠大家对生活的**观察、思考、想象**，发现属于自己的核心灵感。这非常困难，但是，请相信，从自己核心灵感诞生的游戏，是最好的游戏。如果有可能，请尽量使用自己的核心灵感创作游戏吧。

2. 核心乐趣的再创新——改进法

核心灵感的挖掘非常困难，事实上，世界上的大多数游戏作品，也并不是通过最初的核心灵感一步步发展而来的。那么它们的诞生是怎么回事呢？答案是再创新。

再创新，是跳过核心灵感的挖掘，直接通过**改进、组合**已有游戏作品（或其他艺术形式）的核心乐趣点，从而得到自己的一套核心乐趣，创造规则的创作方式。

我们首先介绍改进法。所谓**改进法**，就是把已有的游戏作品规则中的优点进一步完善，缺点加以修改，达到强化核心乐趣的效果。

马里奥系列游戏就是不断利用改进法创造更加出色的游戏规则的典范。下面，让我们分析本系列的核心乐趣点——**跳跃动作**的创造和改进过程。

让我们看看最早的马里奥，还记得 2.4.2 节提到的"跳跳人"吗，他就是马里奥的原型，不过那时他还只有马里奥的外表，却不叫这个名字。在 1981 年发售的《大金刚》中，刚刚诞生的马里奥具备左右移动和跳跃的动作，可以跳过大金刚投掷的水桶——跳跃在这个游戏里，只是一种原地躲避攻击的方式。而马里奥如果想向上移动，要爬梯子，如果想攻击敌人，要使用锤子。**躲避攻击、向上移动、攻击敌人**需要三种不同的动作，稍显复杂。

随后，任天堂于 1983 年发售了街机游戏《马里奥兄弟》(*Mario Bros.*)，对规则进行了改进。在该作品中，马里奥的锤子和场景中的梯子消失了，跳跃不仅可以躲避攻击，还可以作为移动方式——马里奥在跳跃的过程中可以**配合方向键控制跳跃距离**，而如果马里奥想到上一层去，也只需要跳跃即可。而面对敌人，马里奥也可以跳起来，从平台的下层采取"顶"的方式使敌人丧失移动能力，然后再移动过去用"踢"的方式消灭敌人。这套规则，丰富了跳的功能，**使跳同时具有移动和攻击的作用**，但攻击的过程需要两步操作，还是不够精炼。

1984 年是卷轴平台游戏大发展的年代，南梦宫的《吃豆人大陆》(*PAC-LAND*)便是这样一个里程碑式作品。它把著名游戏角色——吃豆人放入卷轴平台规则，创造了一款横版卷轴过关游戏。这一设计启发了宫本茂，于是他也用这种方式，改进马里奥系列，制作了《超级马里奥兄弟》。而超级马里奥的核心乐趣，此时还缺少最后一块拼图。

马里奥的跳跃动作在之前数年的改进中已经非常成熟，然而分为"顶""踢"两步的攻击方式还是比较复杂，而在属于卷轴过关游戏的《超级马里奥兄弟》中，复杂的攻击方式会让游戏节奏拖慢，影响体验。于是宫本茂在马里奥的跳跃中，加入了"踩踏"的动作，**即跳跃下落时可以攻击敌人**，并且为了配合这一点，加入了**在跳跃过程中按方向键可以改变跳跃方向和距离**的设定，使得精确控制跳跃落点成为了可能。这个不大的改进，却是最经典的神来之笔，它使得马里奥的移动、攻击、躲避障碍/陷阱等动作都可以通过"跳跃"这一个动作的控制完成。

在图 3.1.10 中，大家可以感受马里奥系列"跳跃"规则的不断改进和最终定型。马里奥系列游戏在从《超级马里奥兄弟》至今的 30 余年内，经历了从 2D 到 3D 的空间大转型，创造了多种多样的创新玩法和关卡，但这个跳跃规则，几乎没有改变过（图 3.1.11）。

图 3.1.12 是古代游戏中最经典的改进范例，从古印度的恰图兰卡到波斯象棋、国际象棋、中国象棋，游戏的策略性不断加强，直到最复杂的日本将棋诞生——象棋规则历经了上千年的发展和改进，才成为世界上最经典和流行的游戏形式之一。

这就是"改进"的力量，它可以令不够好的规则变得更好，让优秀的规则变得完美，使完美的规则臻于化境。如果你在玩某个游戏并且颇有心得，你可以尝试一下，把它改进得更好。这是游戏创作最普遍的道路，也是"游戏"这件事物可以越变越好的基石。

3. 核心乐趣的再创新——组合法

如果说改进法是把全新的元素叠加在已有的规则之上，那**组合法**就是把两种或多种已有规则中的元素，组合成全新的规则。在组合规则之前，让我们首先总结一下目前电子游戏的主流分类。

（1）RPG（Role-Playing Game，角色扮演游戏）

由玩家扮演一个[①]游戏角色，体验故事情节的游戏，强调角色育成、培养的过程。一般拥有完整的世界观和庞大的地图空间。

为了实现 RPG 的规则，RPG 作品一般拥有战斗系统、剧情展示系统和地图移动系统，作品范例如《英雄传说 6- 空之轨迹》等（图 3.1.13）。

---

① 指的是"一名玩家同一时间只能扮演一个"，而在整个游戏的过程中，玩家有可能需要轮换操作各种角色。下同。

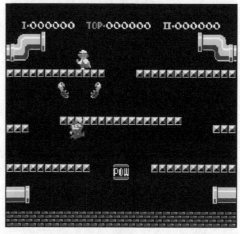

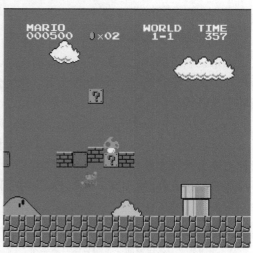

图 3.1.10　马里奥系列"跳跃"规则的不断改进和定型

图 3.1.11　即使是在《超级马里奥 3D 世界》中，角色的跳跃和踩踏依旧沿袭了 30 年来的经典规则

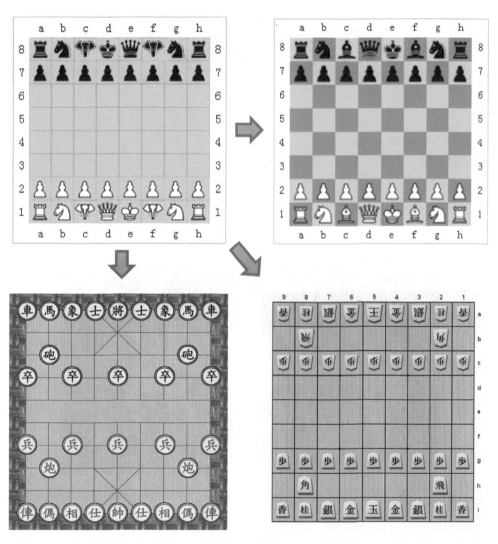

图 3.1.12　由古印度游戏 "恰图兰卡" 改进的三种游戏——国际象棋、中国象棋和日本将棋

图 3.1.13　RPG 的战斗系统、剧情展示系统和地图移动系统（《英雄传说 6- 空之轨迹》）

（2）ACT（Action Game，动作游戏）

由玩家操作一个游戏角色，以各种动作消灭敌人的即时制游戏。一般游戏角色是人类或动物。

为了实现 ACT 的规则，ACT 作品一般拥有复杂的动作控制系统作品范例如《双截龙（Double Dragon》《天天炫斗》（图 3.1.14）等。

图 3.1.14　ACT 的动作控制系统，可以让角色做出多种多样的攻击行动（《天天炫斗》）

动作游戏有一个著名的衍生分支，即 **FTG（Fighting Game，格斗游戏）**——两名玩家分别精细操作自己的游戏角色进行战斗，决出胜者。比起 ACT，FTG 的动作控制系统对动作的控制精细度要求更高，作品范例如《街头霸王 5》（图 3.1.15）、《VR 战士》系列等。

图 3.1.15 FTG 对动作控制的精细度要求更高（《街头霸王 5》）

（3）AVG（Adventure Game，冒险游戏）

由玩家扮演一个游戏角色，探索游戏世界的游戏，强调的是探索和解决谜题的过程。一般拥有完整的世界观和庞大的地图空间。为了实现 AVG 的规则，AVG 作品一般拥有战斗系统、解谜系统和地图移动系统。作品范例如《古墓丽影》（*Tomb Raider*）、《神秘海域》（*Uncharted*）（图 3.1.16）系列等。

图 3.1.16 解谜系统是 AVG 的一大特色（《神秘海域 4》）

（4）SIM（Simulation Game，模拟游戏）

即模拟现实世界的各种元素游戏，拥有非常多的分支。常见的有飞行模拟、体育模拟（Sport Game，SPG）、竞速模拟（Racing Game，RAC）、经营模拟、恋爱模拟甚至完全生活模拟等。SIM 的规则是模拟现实中存在的事物，而为此需要设计大量不同的辅助系统，典型的模拟游戏有《模拟人生》（*The Sims*）（图 3.1.17）、《极限竞速 6》（*Forza 6*）（图 3.1.18）等。

（5）STG（Shooting Game，射击游戏）

由玩家控制一个物体或角色，以射击的方式消灭敌人的游戏。拥有庞大的分支。为了实现 STG 的规则，STG 作品往往会构建复杂的武器系统和弹道模拟系统（图 3.1.19）。

图 3.1.17　构建了复杂的管理系统模拟人类生活的 SIM（《模拟人生 4》）

图 3.1.18　构建复杂控制系统试图完全模拟汽车操作的 RAC（*Forza 6*）

图 3.1.19　拥有复杂武器系统和弹道模拟系统的纵版卷轴 STG（《斑鸠》与《全民飞机大战》）

在 2D 时代常见的类型是飞行卷轴（见 3.3.2 节）射击游戏，如横版的《宇宙巡航机》《沙罗曼蛇》与纵版的《铁板阵》《1942》等。

在 3D 时代以第一人称射击游戏（FPS）与追尾视角射击游戏（即"第三人称射击游戏"，TPS）为主要类型。FPS 的代表作有《雷神之锤》（*Quake*）、《守望先锋》（*Overwatch*）、《逆战》等，TPS 的代表作有《枪神纪》等。

（6）策略游戏（Strategy Game）

玩家以复杂军事策略指挥多个物体或角色，进行战斗的游戏形式。为实现策略游戏的规则，策略游戏作品一般拥有复杂精细的作战指挥系统和可以体现策略性的地图、关卡设计。

可由时间规则（见 3.2 节）分为**即时制策略游戏（Real-Time Strategy Game，RTS）**与**回合制策略游戏（Turn-based Strategy Game，TBS）**。RTS 的代表作有《星际争霸》（*Starcraft*）等，TBS 的代表作有《文明》《火焰纹章》等。广义上，象棋、围棋一类的传统桌面游戏也属于策略游戏。

（7）PUZ（Puzzle Game，益智游戏）

"Puzzle"的原意是指用来培养儿童智力的拼图等游戏，在电子游戏中特指需要调动头脑的休闲类游戏和解谜类游戏。此类游戏一般拥有自己的核心灵感，新颖规则层出不穷，故实际上差异较大。益智游戏只是一个统称，实例如《扫雷》（*Minesweeper*）、《天天爱消除》（图 3.1.20）、《俄罗斯方块》等。

图 3.1.20　消除类 PUZ 的经典之作——《天天爱消除》

（8）TAB（"Table Game"，"桌面游戏"）

使用桌面游戏规则体系创造的电子游戏。此类游戏一般会使用电子游戏独有的画面表现方式和卡牌培养系统等，丰富游戏的乐趣和策略性（图 3.1.21）。如《欢乐斗地主》《炉石传说》《昆特牌》（*Gwent card*）等。使用卡牌为主要表现形式的 TAB 叫做 **CAG（Card Game，卡牌游戏）**。

图 3.1.21 比起传统桌面游戏，具有更丰富表现力的 TAB（*Weiß Schwarz*）

（9）文字类游戏

使用语言文字作为唯一交互手段的游戏，基本可分为文字冒险游戏或文字角色扮演游戏两种。单人进行的一般称为**交互式小说**（***Interactive fiction***）（图 3.1.22）；多人进行的一般称为"泥巴游戏（***MUD***）"。

图 3.1.22 交互式小说名作《白色相簿 2》（*White ALBUM 2*）的游戏画面

（10）MSC（Music Game，音乐游戏）

玩家按照音乐的节奏，以各种方式做出交互动作的游戏形式，如《太鼓达人》《节奏大师》（图 3.1.23）等。

以上的 10 种分类，几乎可以涵盖世界上的绝大多数电子游戏了。然而今天，很多电子游戏，都不再仅仅属于一种类型，而具有"组合"的特点。比如众所周知的《暗黑破坏神》（*Diablo*）便是 ACT 和 RPG 的组合——既有 RPG 的角色育成系统，也有 ACT 特有的精细动作控制[①]。

组合法，就是这样的创作方法——从两个类型截然不同的游戏规则和系统中各取一部分，组合成新的游戏。

图 3.1.23　根据音乐节奏敲击按钮的 MSC（《节奏大师》）

比如任天堂的经典名作《马里奥赛车》（*Mario Kart*）系列，便是把《超级马里奥兄弟》的跳跃、道具收集、变身、投掷（火球、龟壳等）攻击这些本属于 ACT 的规则和系统，与赛车类 RAC 游戏组合起来，形成的崭新游戏（图 3.1.24）。

图 3.1.24　《马里奥赛车》系列是加入了大量 ACT 元素的 RAC，赛车可以跳跃和投掷龟壳攻击

再试想一下，如果把 ACT 和 MSC 组合起来，会成为什么样子？这种看上去不可能的组合，实际上也是出现过的——SCE 的《啪嗒砰》（*PATAPON*）系列。在《啪嗒砰》中，玩家需要以不同节奏按出四种音符，控制游戏角色战斗（图 3.1.25）。音乐节奏作为控制角色战斗的指令，这种创意是不是很棒？

如果把 ACT、RTS 和 RPG 结合起来会如何呢？让我们拿出 ACT 的核心乐趣——**单个角色的精细操作、动作和技能系统**；拿出 RTS 的操作方式——**地图＋即时指挥**；拿出 RPG

_____

① 这类游戏规则由于大获成功，沿用作品众多，后来独立成为一个专门的游戏类型 ARPG（**Action Role-Playing Game**，动作角色扮演）。

图 3.1.25 在《啪嗒砰 3》中，如果玩家的按键节奏精准，角色的战斗能力可以提升

的重要组成部分——**角色育成系统、装备和道具**组合起来，再让几名玩家组队对战的话，这会成为怎样的游戏？答案呼之欲出——**MOBA（Multiplayer Online Battle Arena）类**[①]游戏。没错，《DOTA》和《英雄联盟》（*League of Legends*）的出现，就是这样组合的结果（图 3.1.26）。

图 3.1.26 融合了 ACT、RTS、RPG 元素的《英雄联盟》

---

① 即"多人在线战术竞技场"。

组合法是重要的再创新手段,天马行空的游戏元素组合,会产生更加出色的游戏规则。作为游戏设计师,请尽情展开组合的想象力吧。

再创新,是游戏规则和系统设计中非常重要的思考方式。无数著名的游戏作品,都是汲取旧有作品的养料,通过改进和组合的方式创造出来的。而且,它们往往比原作还要好玩。如果你没有从无到有发掘核心灵感的野心,不妨试下再创新,它会给你带来惊喜。

那么接下来,请你开始创造自己的游戏规则,认真完成本节的课后练习。如果有可能的话,请借鉴其他游戏的经验,尽量设计一些可以贯彻和实现你的规则的游戏系统。我们在未来的课程中,将会帮助你改进你的规则和系统,让它变得更好玩。

思考题

1. 分析你最喜欢的一个游戏,试着阐明它规则的创意过程。写出 800 字以上游戏分析。

2. 试着运用灵感挖掘、改造法、组合法创造你自己的游戏规则。写出规则描述,阐释核心乐趣。再尝试为你的游戏添加游戏系统,把能想到的都写出来,这样,你的策划案就初步完成了。在以后的学习中,我们会为这套策划案添加更多内容,让它变得更有乐趣。

3.2　游戏规则与系统的时间属性

前面我们用三级同心圆理论分析了游戏的规则,讲解了游戏规则和系统设计的基本思路。现在,我们要培养同学们观察和思考游戏的方式,以便进一步完善我们自己的设计。

好,我们用中国最经典的原创桌面游戏《三国杀》以及受众最广的桌面游戏《英雄杀》举例——如果你看这两个游戏,能看到什么?从外到内地看,第一层,一个桌游,第二层,也许有人能说出是"杀类"的桌游。那"杀类"桌游是什么呢?

我们从核心乐趣角度深入分析,"杀类"是有角色扮演设定的战斗卡牌桌游,每个玩家都要扮演特定的"身份"和"武将"(即角色),有策略地打出卡牌,完成身份赋予的战斗任务,从而达成胜利条件。上述核心规则,加上"杀闪桃"的基本卡牌系统,辅以"锦囊"的策略卡牌系统——一个战斗方式的雏形就出现了。

但如果再深入一层呢?《三国杀》之所以成为经典游戏,是因为它依据游戏进行的时间顺序,构筑了从"回合开始阶段""判定阶段""摸牌阶段""出牌阶段""弃牌阶段"到"回合结束阶段"的时间轴规则(图 3.2.1)。这使得游戏进行的每一步都是清晰、精确、可控的。在这个时间轴规则中,游戏的策略性得到了充分的体现。所以,游戏的时间维度是规则中最重要的组成部分之一。

时间,是游戏运行的基本维度。如果从时间维度观察游戏规则,我们可以发现:**即时制与回合制**是游戏的进行方式,它们是游戏规则中最基本、最核心的内容,是游戏的基本属性,任何游戏都可以划分到二者当中或者二者兼备。

在本节中,我们就将解说回合制、即时制两大核心游戏进行方式,告诉你,如何从时间维度设计游戏的规则。

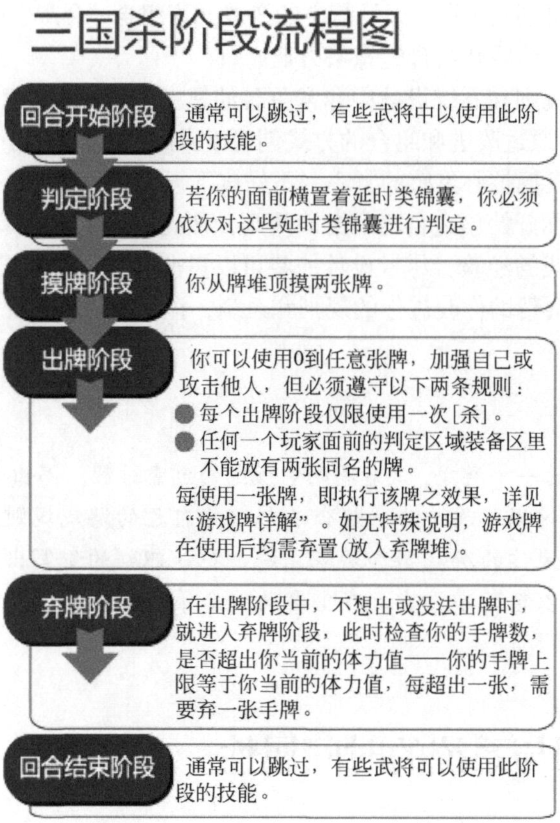

三国杀阶段流程图

回合开始阶段 → 通常可以跳过，有些武将中以使用此阶段的技能。

判定阶段 → 若你的面前横置着延时类锦囊，你必须依次对这些延时类锦囊进行判定。

摸牌阶段 → 你从牌堆顶摸两张牌。

出牌阶段 → 你可以使用0到任意张牌，加强自己或攻击他人，但必须遵守以下两条规则：
● 每个出牌阶段仅限使用一次[杀]。
● 任何一个玩家面前的判定区域装备区里不能放有两张同名的牌。
每使用一张牌，即执行该牌之效果，详见"游戏牌详解"。如无特殊说明，游戏牌在使用后均需弃置(放入弃牌堆)。

弃牌阶段 → 在出牌阶段中，不想出或没法出牌时，就进入弃牌阶段，此时检查你的手牌数，是否超出你当前的体力值——你的手牌上限等于你当前的体力值，每超出一张，需要弃一张手牌。

回合结束阶段 → 通常可以跳过，有些武将可以使用此阶段的技能。

图 3.2.1 《三国杀》时间轴规则示例图

3.2.1　即时制游戏

即时制游戏拥有这样的本质：**所有玩家同时进行游戏过程，与游戏和其他玩家（当只存在一名玩家时与游戏本身）进行持续不间断的交互，直到游戏全过程结束。**

即时制游戏的一大重要特征是：**在游戏的全过程中，任一方玩家在任何时候都不处于静止、无交互的状态。**需停止游戏时，游戏过程中断，所有玩家必须同时停止交互行为，这被称作"暂停"或休息。**一场游戏中每一方玩家的游戏时间长度是相等的。**

了解了这些特征之后，我们就可以分析一些即时制作品的代表了。

有充足的证据表明，即时制是人类最原始的游戏进行方式，它在游戏产生的同时便已产生，更在人类产生的同时便已产生 [1]——显而易见，人类正常的生产生活活动，如打猎等，便是"即时"的。

当然，人类最原始的即时制游戏，由于考古样本的缺失，现在已不可考，然而古代奥林匹克运动会中流行的铁饼、标枪等运动，就是原始游戏的进化版本（图 3.2.2）。而 2.1.1 节中所描述的陶陀罗，便是真正具有高度娱乐性的即时制游戏的最早代表。

---

[1]　参见 2.1 节。

铁饼、标枪、跳远之类的古代奥林匹克游戏，都是**由一个瞬发性动作开始和结束，通过动作结果**（投掷或跳跃距离）**得出成绩**的简单游戏，虽然游戏的过程短暂，但却不可中断。陶陀罗也是，由**不停地抽打动作**保持陀螺的自转，通过转动时间的不断提升或转速的加快等，获得乐趣的游戏，如果抽打动作停止，游戏会很快随着陀螺的停转而结束。我们可以看到，即时制游戏的进行，是**持续而不间断的**，即使是最原始的游戏也是如此。

在电子游戏中，即时制规则被进一步发扬光大了。众多即时制游戏层出不穷，但是，即时制的本质是始终不变的。比如，在《俄罗斯方块》中，方块以一定速度不停下落这一核心规则是绝对的，只要游戏还在进行，方块的下落便不可间断[①]。玩家必须在方块下落到底层之前有限时间内，完成方块位置的调整和摆放。我们可以发现，这一点是《俄罗斯方块》规则的本质，与前面思考题中讨论的"方块种类"系统不同，如果"不停下落"这一点被改变，由于挑战性几乎为零，游戏便丧失了基本的游玩价值，整个游戏也就不复存在了（图 3.2.3）。

图 3.2.2　描写铁饼游戏的古希腊
雕塑《掷铁饼者》[②]

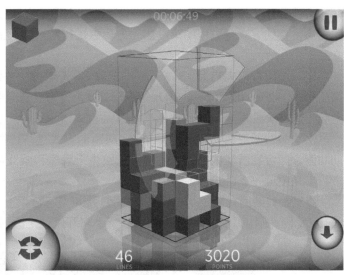

图 3.2.3　3D 版俄罗斯方块游戏（*Fragmental 3D*），
方块依旧是不断下落的

由于即时制游戏存在着时间的限制，玩家必须在有限的时间内、在种种限制条件下完成游戏任务，所以游戏者的肢体力量与协调性、神经系统的反应能力与灵敏度往往能在游戏中发挥其决定性的作用。头脑与思维能力的价值在即时制游戏中往往并不突出，甚至在一些游戏中得不到体现。

在 3.2.2 节中，我们将论述回合制游戏的本质和特征，相信随着对回合制游戏的了解，大家对即时制游戏也会有更加清晰的认识。

---

① 掷铁饼者（Discobolus），大理石雕复制品，高约 152 厘米，罗马国立博物馆、梵蒂冈博物馆、特尔梅博物馆均有收藏，原作为青铜，希腊雕刻家米隆（Myron）作于约公元前 450 年。

② 暂时停止游戏的"暂停"状态不属于游戏过程。这一点无特殊情况本书将不再加以重申。

思考题

课堂讨论：说出你最喜爱的即时制电子游戏，并试着向同学们介绍这个游戏的规则和系统。再试着向大家说明，要想玩好这个游戏，玩家需要怎样的素质。

3.2.2　回合制游戏

即时制游戏是与日常生活一样，连续而不间断进行的游戏。而回合制游戏呢？它就是像下棋一样——你走一步，我走一步，你再走一步，这样的游戏。

回合制游戏的本质是：第一方玩家首先进行第一个阶段的游戏过程，与游戏进行交互，第一个阶段结束后，**进行状况会被储存在游戏中**；然后第二方玩家根据游戏所储存的第一个阶段的游戏状况进行第二个阶段的游戏过程，与游戏进行交互，游戏将第二个阶段的游戏进行状况储存下来；随后游戏交由第三部分的玩家进行，直到所有的玩家结束自己的行动，这被称作"一个回合"。随后游戏重新交由第一方玩家进行，第二个回合开始——如此循环，直到游戏全过程结束。**当一方玩家进行游戏时，另一方玩家不能与游戏进行任何交互**。

这一过程可以表现为：**玩家 1——游戏——玩家 2——游戏——玩家 x——游戏——玩家 1——游戏——玩家 2——游戏——玩家 x**……当只有两名或两部分玩家时，"玩家 x——游戏"这一阶段直接省略。

由于游戏的过程是以间断 - 开启 - 间断的方式进行，回合制的游戏系统必须具有存储的功能，**回合制游戏的交互，发生且仅发生于玩家和游戏系统之间**。玩家无须与其他玩家进行交互便可完成游戏过程。

以最经典的回合制游戏——围棋为例，围棋是符合以上各项定律的游戏形式（图 3.2.4）。而且，我们在围棋中经常可以看到一名棋手离开座位之后另一名棋手才放下了自己的棋子，

图 3.2.4　最能反映回合制本质的围棋游戏

所以一方玩家在回合外的停止，并不会影响到对方的游戏过程。即使是在自己的回合，玩家也可以用很长的时间来思考，在围棋的慢棋比赛中，一步棋的思考过程甚至可以长达一小时以上——所以，**回合制游戏的进行时间是不固定的**，即使是在同一场游戏中，各个玩家的游戏时间也可以存在巨大的差异（围棋和其他棋类比赛中为每一位棋手单独准备计时器便是由于这种特性的存在）。

围棋大师吴清源（1914—2014）在 1933 年与建立日本棋院的名人本因坊秀哉（1874—1940）的对局，持续了三个月之久，这是因为对局中本因坊数次提出休战，回到棋院与众弟子研究对策再重开对局，但三个月之间，二人下棋的棋盘始终未动，一直保持对局中的样子——这也证明了回合制游戏，天生就具有储存游戏状况的功能。而即使是在游戏结束后，也可以通过"棋谱"一类的游戏记录，精确还原游戏的进行过程，而这一点，即时制游戏到了电子游戏时代之后才可以做到。

回合制游戏的特性决定了它对玩家**思维能力**的要求：玩家无须在短时间内完成高难度的复杂动作，但必须运用自己的思维能力，合理地分析游戏的进行状况，作出正确的判断和对手无法预料、无法应对的行动，从而赢得胜利；在单人游戏中，玩家也同样需要高度的智慧以解决游戏系统赋予的各种难题。

回合制游戏产生在即时制游戏发展成熟之后，是人类思维高度发展的产物，它也代表着人类文明的巨大进步——它弱化了肢体强壮与敏捷在游戏中的决定性作用，而开始强调思考的价值。它的产生也是脑力劳动地位显著提高的标志。直至今日，在棋牌类游戏中拥有出色水平，仍被视为是智慧的象征。

在电子游戏设计中，我们可以借助回合制"时间静止"的特性，将大量复杂的信息加以抽象、概括、简化，以相对简洁浓缩的方式展现在游戏中，从而在简单的游戏规则和系统中展现复杂的内容。电子游戏中的回合制策略（turn-based strategy, TBS）游戏，就是这种"浓缩"之后的产物（图 3.2.5）。

图 3.2.5 回合制策略游戏的代表作之一《火焰纹章》（*Fire Emblem*）系列[1]

思考题

回合制策略游戏的最经典系列《**席德梅尔的文明**》（***Sid Meier's Civilization***）[2]，凭借回合制规则，将人类文明从远古时期到近未来的整个发展历史——包括政治、经济、科技、文化、军事、外交，甚至谍报等人类文明的方方面面——都浓缩进了一个游戏作品之中，

---

① 图为《火焰纹章：觉醒》（*Fire Emblem Awakening*）（3DS）的游戏画面。

② 以下简称《文明》。

其丰富性令人惊讶。实际游玩之后我们又可以发现，这款游戏不具备操作上的难度，但对玩家的智谋水平有比较高的要求，并且随着游玩次数的增多，玩家可以清晰地感觉到自己的水平在不断提升。这样的游戏，有比较高的可玩性和深入研究的价值。因此，文明系列也被称为策略游戏规则和系统设计的教科书。

课堂讨论：请游玩该系列的第五代作品《文明 5》（图 3.2.6），试着说明该作品吸引你的地方在哪里；它又是从哪几方面展现出了即时制游戏无法展现的内容？

图 3.2.6 《文明 5：美丽新世界》（*Civilization Ⅴ：Brave New World*）游戏画面（PC）

3.2.3 混合搭配即时制与回合制规则

将回合制概念运用于即时制游戏的做法很早便已产生。体育比赛中"局"（"三局两胜"）的发明便是最好的代表。但是，到了电子游戏时代，将二者充分结合的游戏作品才开始大量出现。在电子游戏中，无论是纯粹的回合制游戏，还是纯粹的即时制游戏，都已经越来越少了。在很多回合制游戏中，我们可以发现即时制游戏的创作思想；在即时制游戏中，回合制的身影更是无所不在。深入结合两种进行方式的游戏作品也已经出现了。

仅以电子游戏的战争模拟游戏为例。在传统意义上的战争模拟游戏中，回合制往往应用在宏观的战略模拟上（如《文明》系列），而即时制应用在战术行动的模拟上则更有优势（如《使命召唤》（*Call of Duty*）等第一人称射击游戏，《星际争霸》（*Starcraft*）等即时战略游戏）。而在近几年的战争模拟游戏中，将回合制与即时制规则加以深度结合以体现战争全貌的优秀游戏作品也时有出现，如《全面战争》（*Total War*）系列，在宏观地图上使用回合制规则，而且微观地图上使用即时制规则（图 3.2.7）。

而将回合制与即时制规则搭配使用的最大优势，就是可以是**使游戏进行的节奏更加丰富多变**。在即时制游戏中融入回合制元素，可以让玩家在激烈的对抗中获得休息和调整的

图 3.2.7 《全面战争》系列的宏观地图和微观地图

空间，而在回合制游戏中融入即时制元素，也可以让玩家在相对沉闷的游戏过程之中获取更多的紧张刺激体验。

比如在回合制游戏的《文明 4》中，所有玩家可以同时进行自己的回合——等到所有人都结束了自己的这一回合后，他们的下一回合才会同时开始。在这一回合中，如果你的操作速度够快，你就可以抢到先机。《文明》一直被视为传统的回合制游戏，然而这个颠覆回合制游戏传统形式的规则，却是深度融入即时制思想后的产物。

思考题

1. 南梦宫最著名的角色扮演类游戏《传说》（Tales）系列的战斗系统，便是将回合制战斗规则与即时制战斗规则深度融合的产物（如图 3.2.8 所示的《仙乐传说》），《最终幻想》系列的后期作品以及国产 MMORPG《大话西游》系列的战斗系统，也具备这样的特征。

图 3.2.8　《仙乐传说》（Tales of Symphonia）的战斗画面

课堂讨论：试玩一部传说系列游戏作品或《最终幻想 13》或《大话西游》，说出这部游戏的战斗系统是怎样融合即时制与回合制的。

2. 回想自己在 3.1 节思考题中创作的游戏，设想它应该采取怎样的时间进行方式？是回合制还是即时制，还是二者的融合？具体的方案是怎样的？请写下你的想法，完善你的规则和系统。

3.3　游戏规则与系统的空间属性

在 3.2 节我们说明了《三国杀》的时间轴规则的重要意义。《三国杀》这个回合制的策略卡牌游戏的核心乐趣，也由时间轴规则得到了规范和保证。然而，我们分析三国杀的规则，还可以再深一层——从空间角度进行。

《三国杀》之所以好玩，不只是因为有基于身份、角色的核心战斗规则和时间轴规则，还是因为有特殊的位置组合与关系。三国杀利用了玩家围绕桌子而坐的天然空间关系，把玩家的座位赋予了**位置和距离**的属性，从而把战场的空间抽象而精练地表现了出来，提升了游戏的策略性和乐趣（图 3.3.1）。

图 3.3.1　《三国杀》位置和距离规则示例图

所以，我们在设计游戏的核心规则时，除了要从游戏进行过程的时间维度进行考虑，还要多多从游戏运行的空间维度思考游戏的存在方式。本节将从连续空间与离散空间、3D与 2D 空间两个方向，说明游戏规则空间设计的理念。

3.3.1　连续空间与离散空间

众所周知，游戏需要在一定的空间环境中运行。无论是电子游戏中显示在屏幕上的虚拟空间，还是足球篮球所用的现实空间，都具有相似的特性。本节将介绍游戏中两种带有不同特性的空间。

1. 连续空间

如同 3.2.1 节中介绍的即时制规则，是与现实生活中的时间相同、不间断的时间流逝状态一样，**连续空间是与现实世界中的空间相同的、连续不间断的空间。**

在应用连续空间的游戏中，**物体的坐标点可以连续移动。**而且，所有应用连续空间的游戏都不可能有两场游戏的过程完全一样。

为了游戏规则的丰富性和乐趣，连续空间的内部并不是完全连续和自由的，它会体现出一定的**有限性**。

高尔夫是利用连续空间的经典游戏，在球场范围内，球的落点和运动轨迹高度自由。这样的特性使得不可能有两场高尔夫的过程是完全一样的（图 3.3.2）。

图 3.3.2　连续空间的应用典范——高尔夫

高尔夫的球场空间也具有有限性，这种有限性体现在，高尔夫球场往往会借助大量障碍物使空间变得相对割裂，却又在割裂之中拥有整体性的布局思想——18 个球洞、发球台、球道、果岭、长草、沙坑、水池等——都是相对固定的。这使得球的移动路径在自由选择之中，必然拥有几种最佳策略。执行最佳策略又需要清晰的游戏思维和高超的击球技巧，设计者通过这一设计，保证了游戏的难度和挑战性。此外，不同的高尔夫球场的布局经常截然不同，这体现了**关卡设计（Level Design）**的思想（见第 5 章）（图 3.3.3）。

图 3.3.3　电子游戏《一起高尔夫 3》（*Let's Golf 3*）HD，完全模拟了高尔夫的空间特性

2. 离散空间

离散空间是一种以孤立坐标点为行动参照基准的游戏空间。与回合制规则一样，离散空间是游戏发展到一定阶段之后的产物。离散空间一般应用在回合制游戏中，而最早的离散空间是**棋盘**。图 3.3.4 的国际象棋棋盘，便是离散空间应用的绝佳范例。

离散空间具有**抽象性**，它体现了**对游戏运行空间进行简化**，从而**使游戏规则规范化的**设计思想。在应用离散空间的游戏中，由于物体所处的位置数量有限，所以游戏规则便可以基于离散空间进行清晰而规范的描述。

比如在国际象棋中，不同棋子的移动方式截然不同——象（Bishop）需要沿对角线移动，车（Rook）可以在同行内随意移动，马（Knight）只能向相邻行的特定点位移动（定义为"跳"，同一起点的移动可能性最多为八种）——这些移动方式，如果没有"棋盘"作为前提条件，便根本无法存在。试想一下，如果棋盘是一个没有"格子"的连续空间，这些棋子的走法该如何设定？在这种情况下，也许我们可以考虑把国际象棋做成一个即时战略游戏——但这种想法在古代不具备可操作性，只有在象棋诞生的上千年后，才有可能借助电子游戏技术实现了。

接下来，我将继续用国际象棋为线索，介绍**离散空间的无限性**。

图 3.3.5 是世界上最有名的国际象棋变体——波兰人瓦迪斯瓦夫·金斯基（Władysław Gliński）于 1936 年发明的"金斯基六角国际象棋"。虽然金斯基把国际象棋的正方形格棋盘变成了正六边形格棋盘，并把棋子和摆放方法做了相应调整，但游戏的基本规则，包括行棋规则和胜利条件等，依旧与传统的国际象棋极为相似。

图 3.3.4　国际象棋的棋盘，棋子只能摆放在固定的 64 个格子里

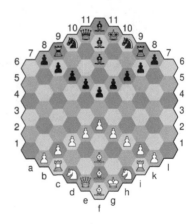

图 3.3.5　金斯基六角国际象棋
（*Gliński's hexagonal chess*）

同样由正方形格到六边形格的演变范例还有《文明》系列。在《文明》初代到《文明 4》中，席德梅尔都采用了正方形格的地图，而在《文明 5》以及系列最新作《文明：超越地球》中，他采用了六边形格的地图，这是为了扩大地图空间，提升游戏策略的丰富性（图 3.3.6）。但文明系列的规则本质，并没有因为这样的调整而改变。

现在大家应该可以理解，离散空间并不是僵死和固定的空间，它可以进行无限的变化延展。这种变化，不仅仅是四边形到六边形这样的简单变化，它还具有更多样的形式。

图 3.3.6 《文明 4》的正方形格地图和《文明 5》的六边形格地图

比如从 2D 到 3D 的转换（图 3.3.7）。

比如空间规模的缩小和扩大（图 3.3.8）。

这就是离散空间的无限性。如果将这一特性运用得体，你可以创造出很棒的游戏规则。

思考题

1. 说出《三国志 13》规则的战略部分和战斗部分分别应用了怎样的空间形式（图 3.3.9）。

2. 举出几个你最喜欢的电子游戏的例子，说出它们的核心玩法，告诉大家它们应用的是连续空间还是离散空间。

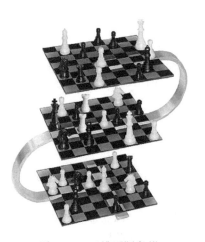

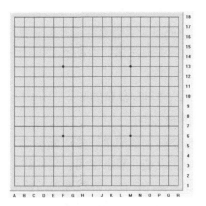

图 3.3.7　三维国际象棋
（Three-dimensional chess）

图 3.3.8　7×7 小型围棋盘和 19×19 的标准围棋盘，
游戏规则相同

图 3.3.9　《三国志 13》的战略画面和战斗画面

3.3.2 2D 空间

2D 空间是大多数桌面游戏和早期电子游戏中常见的空间利用形态。2D 空间相对简易、主题明确，合理运用可以使游戏在空间操作上的难度降低。所以，2D 空间的利用是游戏空间设计的基础。

下面从简单到复杂的顺序，介绍几种 2D 游戏空间的常见形态。

1. 棋盘空间

棋盘空间是最简单、最原始的 2D 空间形式，是一种**有着固定边界和区域划分的、带有清晰功能设定的静态空间**。它往往是一种离散空间，但也有连续空间的应用方式。棋盘空间的形态设计往往与游戏规则的核心内容直接相关，也就是说，棋盘决定着游戏的玩法。

棋盘的例子本书举过很多，在此再举一例。图 3.3.10 的中国跳棋是由正方跳棋演变而来的，虽然二者均是以"跳跃"和"换位"为核心规则和胜利条件的桌面游戏，但由于棋盘空间的构型不同，行棋方式、玩家人数以及游戏策略均有较大不同。

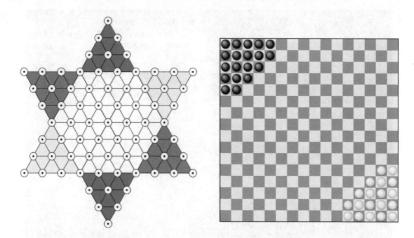

图 3.3.10 中国跳棋（Chinese checkers）与它的前身正方跳棋（Halma）

需要注意的是，棋盘空间并不一定以"棋盘"的形式出现。在某些桌面游戏中，并不存在"棋盘"这样的空间载体，它们往往会采取"顺时针""逆时针""轮流 / 依次"这样的简单空间规则，或者像《三国杀》一样依据玩家的座位设定空间关系。为了方便归类，我们依旧把它们算作棋盘空间。

另外，户外游戏中的极少数游戏，如冰壶等，几乎完全是在 2D 平面上进行的（桌球等允许"跳球"技巧的游戏不属于 2D 游戏）。由于这样的游戏在空间上有固定的边界和区域划分，不会随着游戏的进行而发生变化，符合棋盘空间的定义，因此也归类为棋盘空间。

棋盘空间是最经典的 2D 游戏空间应用形式。在设计回合制游戏时，不妨参考一下棋盘空间的设计思想（图 3.3.11）。

2. 单屏空间

单屏空间是电子游戏中最简单的游戏空间形态，是指**以单一屏幕为固定显示范围**，不会产生拉伸、位移、视角转换的 2D 游戏空间。但与棋盘空间不同的是，单屏空间往往是一个**动态空间**，在单屏空间的范围内，游戏的表现方式是多种多样的。

图 3.3.11　卡牌策略游戏《炉石传说》（*Hearthstone: Heroes of Warcraft*）的空间设计

2.4.1 节（早期的电子游戏）以及 2.4.2 节（街机游戏）正文中介绍的全部实例都属于单屏空间游戏。

无论是最早取得商业成功的电子游戏《乓》，还是后来的《太空侵略者》《吃豆人》《坦克大战》（*Battle City*）（图 3.3.12），都是在仅有一个屏幕大的小小空间内，融入简单有趣的游戏内容的典范。

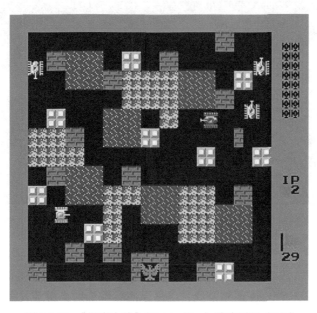

图 3.3.12　《坦克大战》（*Battle City*）游戏画面（FC）

方寸之间最见功夫，从空间维度设计游戏，可以从这里开始。

3. 卷轴空间

卷轴游戏（Scrolling Game），顾名思义，是指 2D 画面像卷轴一样向同一个方向**滚动**的游戏。卷轴空间的主要类型有**横向卷轴（side-scrolling）**和**纵向卷轴（vertically scrolling）**两种。

比起简单 2D 空间，卷轴空间最大的优势是**无限性**。理论上，卷轴空间可以不受屏幕范围的约束，做到无限延伸（图 3.3.13）。这就使得游戏的内容不再局限于一个屏幕之内，得到了极大的丰富。由 2.4.3 节相关内容可知，家用游戏机的蓬勃发展，恰恰是因为卷轴游戏的大量涌现。

图 3.3.13 应用高速横向卷轴的《天天酷跑》

横向卷轴游戏的代表作有《超级马里奥兄弟》《魂斗罗》《宇宙巡航机》等（图 3.3.14）。

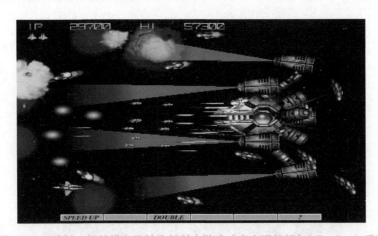

图 3.3.14 独树一帜的横向卷轴飞行射击游戏《宇宙巡航机》（*Gradius*）系列

纵向卷轴游戏的主要平台是纵向屏幕的街机和手机平台，题材往往以飞行射击游戏为主。此类游戏的代表作有《1942》《雷电》系列、《斑鸠》系列等。值得一提的是，在独立游戏领域有极大影响力的东方 Project 系列游戏，也是纵向卷轴的射击游戏（图 3.3.15）。不过，纵向卷轴也有成功的平台过关游戏，任天堂的《雪人兄弟（Ice Climber）》就属此类（图 3.3.16）。

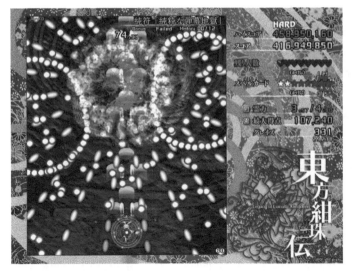

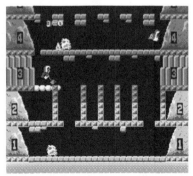

图 3.3.15　东方 Project 系列游戏以密集的弹幕射击为主要特色

图 3.3.16　《雪人兄弟》中，玩家攀登到卷轴顶部战胜 Boss 便可过关

4. 地图空间

卷轴空间是向某一方向延伸的空间形态，在不能滚动的另一个方向，是固定而闭锁的空间。地图空间与之不同，是**在各个方向均可以延伸**的空间形态（图 3.3.17）。

图 3.3.17　应用地图空间的典范《星际争霸》

相比起卷轴和简单空间，地图空间更加接近现实世界的空间形态。运用地图空间的游戏，可以设计得更加复杂、精密，具有庞大的信息量。比如《塞尔达传说》，在 20 世纪 80 年代的 FC 主机上，就呈现了数百个屏幕的超大地图（图 3.3.18）。在很多游戏类型，尤其是策略类游戏和角色扮演类游戏中，地图空间是必不可少的。

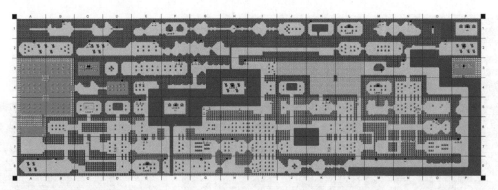

图 3.3.18 《塞尔达传说》海拉尔世界（局部），每个方格都是一个屏幕大小的空间

地图空间会将玩家可以控制的物体变小，在很多游戏类型中，都会使游戏主体不突出，增大了设计难度，这是在自己设计的游戏里应用地图空间时，需要注意的问题。

另外，应用地图空间会使游戏空间设计的工作量变得非常庞大，不仅需要大地图的统筹设计，细节的处理也很重要，所以运用地图的游戏一般需要大量的关卡设计师参与工作。

综上所述，在初学者阶段，我们不建议大家轻易应用地图空间。

5. 抽象空间（语言文字游戏）

抽象空间是 2D 游戏空间的一种特殊形式，不属于上述任何一种空间。或者说，这是一种弱化了空间在规则中的作用的空间形态。

抽象空间游戏主要是文字类游戏。1976 年在 PC 上发布的、史上最早的冒险类游戏《冒险》（*Adventure*，又名 *Colossal Cave Adventure*）（2.4.3 节提到的《冒险》是 Atari 2600 版本，该作不属于文字冒险类），就是以一种纯文字界面呈现给玩家的（图 3.3.19）。玩家通过输入命令来与游戏进行交互。虽然游戏中也有向东西南北等各种方向移动的叙述，但都是借助文字描述，最终通过玩家的想象来完成的。这种文字交互的作用机制与文学作品类似，不能算作真正的游戏空间呈现。

图 3.3.19 《冒险》的游戏画面

文字类游戏这一游戏类型一直发展至今，之后演化出了多种多样的表现形式，但始终都以文字交互为核心交互模式，借助文字和图片、动画表现游戏的剧情，所以它依旧属于抽象空间游戏。

另外，某些同样以语言为核心交互方式，没有空间规则的桌面游戏，也可以划入抽象空间的范围，如杀人游戏、《狼人杀》等。

思考题

课堂讨论：说出你最喜欢的三款 2D 电子游戏，说出它们的核心玩法，告诉大家它们属于哪种 2D 空间类型，总结不同的空间类型下游戏规则和系统的不同。

3.3.3　3D 空间与视角

3D 空间是与现实世界空间形式相同的游戏空间，在某种意义上来说，3D 空间游戏也是人类最早的游戏形式。绝大多数的户外游戏和体育游戏都属于 3D 空间游戏，本书在此不予讨论（以下提到的 3D 游戏，均为电子游戏）。

在电子游戏中，3D 游戏是在 2D 游戏产生数十年之后才诞生的，这体现了电子游戏以技术为导向的特点（图 3.3.20）。决定 3D 游戏质量好坏的，往往是游戏开发技术和硬件环境的优劣。

图 3.3.20　马里奥系列的首款 3D 游戏《超级马里奥兄弟 64》发售时，此系列已诞生 13 年之久

需要说明的是，到目前为止，电子游戏仍基本不具备用现实中的 3D 空间来显示和展现 3D 游戏空间的技术。3D 游戏的显示设备依旧是平面显示器。了解了这一基本前提之后，就可以知道，3D 游戏中真正重要的是什么。

由于 3D 游戏必须借助 2D 平面显示器来显示，所以它的空间形态理论上只有一种，而不像 2D 游戏那样多种多样。

但是，如何将 3D 空间在 2D 屏幕中展现出来，依旧是一个重大课题——以怎样的角度去查看 3D 空间，并显示在 2D 屏幕上，是重中之重。我们可以假想出一台摄像机，或者一位观察者，它置身于在游戏的 3D 空间之内，用自己的视野观察着这个游戏世界，并将它呈现给我们，这个摄像机或观察者能看到的角度，我们叫它**视角**。

1. 固定视角

固定视角是 3D 游戏中最早的视角形式之一。特点是以在游戏进行过程中，**以固定角度展示游戏场景**，极少或从不发生视点变换。这种表现方式的优势是节约技术资源，也让玩家无须进行手动操作调整视角，节约玩家的注意力资源。

3D 恐怖冒险游戏的代表作《生化危机》的前四部作品[①]，都采用了固定视角的表现方式——摄像机就像静静摆在场景的一角一样，无论玩家所控制的人物在这个摄像机负责的范围内怎样移动，视角都不会发生变化，直到玩家移动到下一个摄像机负责的范围内为止（图 3.3.21）。

图 3.3.21 《生化危机》游戏画面，摄像机固定在场景角落，使得人物在画面中显得很小

不过这种表现方式稍显单薄，难以体现 3D 游戏的优势，所以在现今的 3D 游戏中，已经很少采用了。

2. 追尾视角与沉浸视角

随着时间的推移，固定视角的游戏越来越难以满足玩家的需要，而 3D 游戏的画面表现技术越来越成熟，这使得应用新的表现形式也成为了可能。这就是追尾视角与沉浸视角。

追尾视角，顾名思义，是将视角锁定在控制主体后部，始终跟随主体的表现形式（图 3.3.22），有时也被称作"第三人称视角"[②]。

沉浸视角，是完全复制被操作主体视野的视角表现模式，往往也被称作"**第一人称视角**"（图 3.3.23）。运用这种表现方式的**第一人称射击游戏（First-person shooter，FPS）**，几乎是 3D 游戏中最流行的游戏类型。

这两种视角，尤其是第一人称视角，让 3D 游戏的优势发挥得淋漓尽致，可以给玩家带来身临其境般的游戏体验。但是，它们也有非常明显的缺陷：在运用这两种视角的游戏中，玩家**可同时操作的主体只能有一个**。这让这两种视角可以适用的游戏类型大大受限了。

---

① 《生化危机 1》《生化危机 2》《生化危机 3》《生化危机 代号：维罗尼卡》。
② 严格意义上，"第三人称视角"并不一定必须位于控制主体的后方，但到目前为止"第三人称"一般都用来指代追尾视角。这是一种约定俗成但并不严谨的说法。

图 3.3.22　《战争雷霆》（*War Thunder*）中的坦克作战，摄像机始终尾随玩家坦克

图 3.3.23　FPS 游戏《使命召唤 5》（*Call of Duty 5*）中美军登陆硫磺岛的场景

如果你想让玩家扮演一名战士参加战争，请一定用这两种视角；但如果想让玩家扮演将军指挥千军万马，那就一定不要用它们。

3. 自由视角

顾名思义，**自由视角**是玩家可随意观看游戏场景的视角形态。随着 3D 游戏技术的成熟，应用这种视角形式的游戏也越来越多了。

这种视角的优势是，将视角调整的权利赋予玩家，从而具有高度的适应性，几乎任何类型的 3D 游戏都可以适用于自由视角。

然而自由视角也有不足，这就是玩家必须耗费自己的一部分注意力和操作在视角调整上，从而使游戏的难度增大了许多。

但是，自由视角在完全模拟人类视野的虚拟现实技术成熟之后，实用性大大增高了。借助虚拟现实设备，我们可以发挥自由视角的优势，将 3D 游戏中的观察者和摄像机，真正变成玩家本身，带给玩家身临其境的游戏体验。相信在未来，自由视角可以成为 3D 游戏的主流形态（图 3.3.24）。

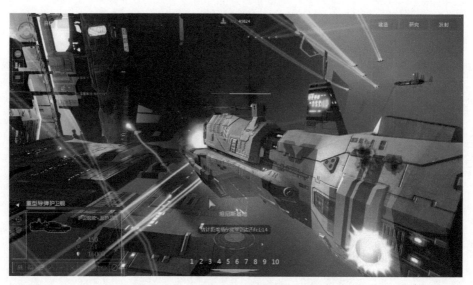

图 3.3.24　应用自由视角的全 3D 即时战略游戏《家园》（*Homeworld*）系列，难度极高

思考题

如果让你使用追尾视角（第一人称）设计即时战略游戏，你将如何设计？在这种情况下，玩家作为指挥官，在控制自身移动、攻击的同时，该如何指挥部队？（提示：可参考图 3.3.25）

图 3.3.25　《终极战区》（*Battle Zone*）是第一人称即时战略游戏的典范

进一步完善自己设计的游戏，思考它应该采取怎样的空间应用方式——是连续空间，还是离散空间？是 3D 的还是 2D 的？具体的方案是怎样的？请写下你的想法，完善你的规则。

3.4 游戏系统设计中的要素

游戏最重要的属性是娱乐第一性，也就是说，游戏应该以好玩、有乐趣为最重要的设计目的。而规则是乐趣的来源，系统是乐趣的保障。经过了之前三个单元的学习，相信你的游戏规则和系统，已经是比较有趣的了。

但是这还不够。要知道，这世界上，能给人带来冲击力和新鲜感的游戏有很多，可是能给人持续带来乐趣，让人一直想玩下去的经典游戏却并没有几个。一个游戏的经典程度，往往不仅是由它规则的乐趣，更是由它系统的稳定性、合理性所决定的。游戏的系统中有很多变量，通过调整它们可以使游戏变得更加合理、更加稳定。

那么接下来，让我们学习这些变量，开始仔细打磨我们的游戏系统。

3.4.1 游戏交互中的要素——可玩性、自由度、操控性

可玩性、自由度、操控性这三个词在各种游戏评论和玩家之间的交流中总是经常出现。它们的含义异常广泛丰富，但究其实质，我们可以发现，它们是对游戏交互性不同角度的描述。

我们已经知道，"游戏在本质上是一种交互性活动，游戏的过程是若干种交互形态的总和。交互，可以是对游戏样态的改变（从而实现游戏的各种目的），也可以是与其他游戏者的各种交流"（见第 1 章），那么，交互性在具体的游戏活动或游戏作品中，也必然具有着程度强弱的区别。

从游戏的进行方式上来看，即时制游戏的交互性往往强于回合制游戏；从游戏的参与人数上来看，多人游戏的交互性往往强于单人游戏（图 3.4.1）；从游戏的复杂程度来看，越复杂的游戏往往交互性越强；从游戏故事情节的发展方式上来看，故事情节越丰富，故事情节发展可能性越多的游戏往往交互性越强……

图 3.4.1　允许 8 名玩家同台格斗的《任天堂明星大乱斗》（WiiU）是强交互性游戏的典范

可玩性与自由度这两个词就是侧重于探讨交互性强弱的概念。**所谓的"可玩性"与"自由度",实际上是指玩家对游戏的控制力,即游戏规则赋予玩家的,在一定程度上主导游戏过程的能力。**

1. 可玩性

可玩性(Gameplay)一词是就微观层面的游戏过程控制而言的。例如在游戏中玩家能否使用更多的动作,能否使用更多的道具与技能,能否击败更多类型的敌人,等等。

喜欢强调可玩性的玩家,对游戏的交互性有着强烈的偏好和更为深入的理解,也往往拥有更高的游戏技能和水平。他们常常是即时制游戏,如动作类电子游戏和各种户外游戏(篮球、极限运动)等的爱好者,因为这类游戏往往可以带给他们一种"能够主导自己"的满足感。

不过,可玩性一词在根本上是对游戏交互性的综合表述,所以回合制游戏爱好者也同样会热衷于追求可玩性。并且,由于回合制游戏对游戏的进行时间没有过多的限制,游戏的复杂程度在理论上是可以无限加强的,因此,某些极为复杂的大型回合制游戏的可玩性反而要远远高于即时制游戏。例如本书数次提到的《文明5》便是一个涵盖了人类文明发展的一切环节的优秀回合制电子游戏作品,在其中,玩家几乎可以做到一个领袖可以做到的所有事情——这种丰富的可玩性是绝大多数即时制游戏无法达到的。

好了,在我们的游戏中,加强可玩性的方式,自然就是加上更多的系统。如同在 3.1.2 节中论述过的《超级马里奥兄弟》,在经典的跳跃+卷轴过关基本规则之上,添加了"金币系统""道具变身系统""敌人和 boss 系统""水管传送系统""水下场景系统"等多种系统,使游戏更加丰富有趣。该系列之后的作品中,虽然基本规则不变,但游戏系统有过大量的添加,比如《超级马里奥银河》(*Super Mario Galaxy*)中,就添加了在 ACT 中史无前例的**球状场景系统**来模拟小小星球的环境。这套系统套用马里奥规则之后,产生了多种崭新的变化,比如星球旋转、引力改变、进入星球内部等,**在原规则基础上让可玩性大大增加了**,这一调整最终令本作获得了巨大的成功,全球销量突破了 1250 万套(图 3.4.2)。

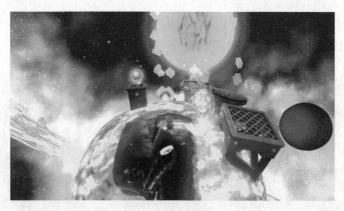

图 3.4.2 《超级马里奥银河》中,有特性各不相同的许多小星球,在原规则基础上提升了可玩性

请你思考一下,能否通过增加一些新的系统,让你自己的游戏的可玩性获得提升呢?

2. 自由度

自由度一词是就宏观层面的游戏发展走向控制而言的。例如玩家能否拥有更多的主导权(而不是把游戏过程交给计算机或骰子"自动"完成),能否自己决定游戏的发展走向,能否到达更多的地方，看到不同的故事情节或故事结局，等等。

喜欢强调自由度的玩家，并不一定拥有更高的游戏技能和水平，也并不一定对游戏的类型和题材有着特殊的偏好，但可以说，他们是一群拥有独立精神、自由意志和高度想象力的人。另外，正如可玩性一样，复杂程度越高的游戏，自由度往往就越高。

沙盒游戏（Sandbox Game）是高自由度游戏的象征。在沙盒游戏中，一名玩家甚至可以创造出世界上存在的绝大多数物体，甚至凭空创造本不存在的事物（图 3.4.3）。因为可操作性等原因，我们不倡导同学们在初学阶段设计沙盒游戏，但是，我们是否可以从沙盒游戏中获得启发，提升我们游戏的自由度？

图 3.4.3 在沙盒游戏中，玩家几乎可以创造现实中的任何物体（《我的世界》（Minecraft））

《超级纸片马里奥》（Super Paper Mario）就是通过系统调整增加自由度的成功典范（图 3.4.4）。它在马里奥系列常见的卷轴空间中，创造性地加入了 3D 转换系统，让玩家在进行正常的马里奥过关时，可以随时进行 3D 转换，让马里奥所处的空间 3D 化，看到更多的空间信息，从而实现正常情况下不可能的操作。这种切换是完全由玩家控制了，在不同的情况下，玩家可以任意切换所处空间的类型，这是自由度更高的体现。

图 3.4.4 可以自由从卷轴进入 3D 空间的《超级纸片马里奥》

《炼金工房》系列（Atelier series）是另一个代表。本系列在传统的 RPG 当中，加入了"炼金术"系统，让玩家可以利用在 RPG 中得到的各种道具和材料，在系统的引导之下，以各种方式组合成新的道具，用来育成角色、推进剧情发展。炼金术系统的存在，使得《炼金工房》比起较为死板的传统 RPG 拥有更高的自由度，玩家不仅可以使用角色升级得来的技能攻击敌人，还可以使用炼金术制造的各种强力武器（炸弹、魔法石等）进行作战，玩法多种多样（图 3.4.5）。这种自由度的提升，可以为游戏带来非常强的乐趣。

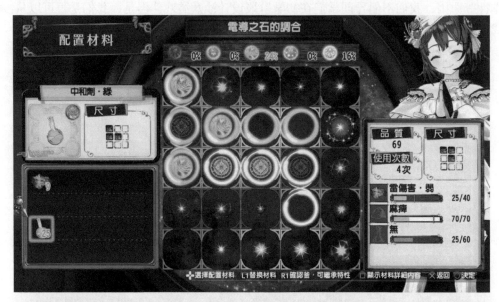

图 3.4.5　在炼金术系统中可以自由制造多种武器，用在 RPG 的战斗中（《苏菲的炼金工房》）

《超级纸片马里奥》和《炼金工房》都不是沙盒游戏那样的完全自由的游戏世界，但是，它们都在自己的规则基础上做出了强化自由度的努力，并且获得了成功。大家也可以仿照这样的方式，为自己的游戏添加可以提升自由度的系统，这样，一定可以提升游戏的乐趣。

3. 操控性

操控性是侧重于描述交互性的灵敏、精细程度的概念。例如，在 ACT 或 FTG 中，玩家能否通过不同的操作体现人体不同的细微动作及强弱变化；在 STG 中，玩家能否像在现实中一样精细地操控各种武器，向各种角度和各种方向发射枪弹。

需要特别说明的是，**操控性是即时制游戏独有的概念。**喜欢强调操控性的玩家，大多有着出色的运动神经和敏锐的反应能力，对复杂的即时制游戏（尤其是战略类、射击类或运动类）往往有着强烈的偏爱。

在著名的 3D FTG《铁拳》（*TEKKEN*）系列中，玩家需要用四个攻击按键，分别控制游戏角色的左臂、右臂、左足、右足，从而做到精准模拟人类的武术动作。相比起其他的 FTG，铁拳系列的操控性是更强的，而且这一点确实为玩家带来了更多乐趣和研究深度，所以成为了游戏的特色（图 3.4.6）。

图 3.4.6 《铁拳》系列游戏的四个攻击按键对应人类的四肢，可以做出多种多样的复杂动作

但是，强化操控性的设计理念会让游戏的开发难度提高，需要强大的开发能力作为支撑才可以实现。作为游戏设计的初学者，在运用强化操控性的设计方式时，需要充分考虑到实现难度，避免让自己的策划方案成为空中楼阁。

需要注意的是，在游戏作品中，可玩性、自由度、操控性并不是越强越好、越高越好的。可玩性过强的游戏作品，往往会让思维能力或动手能力不足的玩家难以驾驭，顾此失彼，从而使乐趣大大丧失。自由度过强的游戏作品，也可能会由于创作者给予的指导（往往是任务、故事、剧情等）过少，使玩家的游戏过程变得缺少目的性，从而严重影响游戏的娱乐效果——"无聊"一词便经常会出现在这种游戏的玩家口中。操控性过强的电子游戏作品，会显著影响游戏的平衡性，加大游戏的难度，使这类游戏作品的乐趣难以被大多数玩家理解（虽然有少数玩家会非常偏爱此类游戏）。

3.4.2 平衡性

平衡性一词阐释了在游戏中使资源均分的必要性。我们也可以称之为**"游戏中的公平"**。平衡性在游戏设计中是最值得注意的环节之一。就像不公平的社会秩序难以维持下去一样，不公平的游戏永远是不长久的——一个游戏是否精彩，可能是因为游戏设计的创意，但一个游戏是否经久不衰，就完全取决于它的平衡性了。

1. 规则的平衡性及平衡性修正系统

规则平衡，即从游戏规则本身，赋予每位玩家同等且适当的条件和资源，是所有游戏规则的终极目标。一个游戏是否公平，在游戏诞生伊始，就已经由它的规则决定了。因此规则的平衡性，也深深根植于游戏作品之中，无法轻易改变。

在古典桌面游戏作品中，棋类游戏往往有一个呈对称图形的棋盘，双方的棋子数量与种类也常常相同；牌类游戏的各玩家，一般也都有着相同数量的手牌。这就是平衡性的绝佳体现。在这些游戏的规则下，双方的可支配资源和既得利益是完全相等的，想获取更多的利益，则必须在公平的条件下，通过合理的策略和高超的技巧来实现。如果任何一方哪怕多拥有一个棋子，都会拥有更大的优势，都会令游戏的状况都会大大改变。

然而需要指出的是，**在回合制游戏中，完全的规则平衡是无限接近于不存在的**。可以用下面这个浅显的例子证明这一点：

回合制游戏总有先开始的一方（3.2.2 节中的玩家 1），而先开始的一方在多数情况下都会比后开始的玩家（3.2.2 节中的玩家 2~ 玩家 x）获得更大的优势（或劣势），这是回合制游戏基本原理所决定的，无法从游戏设计上避免。因此设计完善的回合制游戏往往都会为弥补平衡性而增加游戏系统进行修正，这种**"平衡性修正系统"**一般会出现在游戏的开始阶段（或准备阶段）和末尾阶段（或胜负评定阶段）。

比如在古代围棋中，先手的棋手需要在棋盘上已经有两颗棋子的情况下开始游戏，而在现代围棋中，终局之后，先手的棋手需要出让一定的既得利益给后手的棋手，这被称为**"贴子"**或**"贴目"**[①]。贴子法与贴目法间的斗争上百年来都没有决出胜利者，就是因为它们中的任何一个，都做不到赋予黑白棋手完全的公平。

围棋是世界上棋子最多、游戏过程最漫长的棋类游戏[②]，先后手的差别给胜负带来的影响无疑是十分微弱的，并且，各国专家对围棋规则的研究均已炉火纯青，但即使如此，使围棋胜负评定达到完全公平的规则和修正系统依然是不存在的。在东亚各国都具有崇高地位，并世界性广泛流行的围棋尚且如此[③]，可以想见，任何回合制游戏想获得完全的平衡，都是几乎不可能的。

让我们看看《炉石传说》的平衡性修正系统。在《炉石传说》中，玩家需要耗费法力水晶来进行出牌，而玩家的初始水晶数是 1，每回合可以多获得一个法力水晶，这就导致先手的玩家总是比后手的玩家多获得法力水晶。如果一局《炉石传说》游戏进行到第七

---

① 围棋游戏胜利条件的本质是"占有最多空间的一方取胜"，而空间的表现形式，一般有子（棋子）和目（点位）两种。中国规则倾向数子，终局后执黑棋手需要减去自己棋子总数的三又四分之三子再与执白棋手比较，即"贴子"法；而日韩规则倾向数目，执黑棋手需要减去自己所占点目的六目半再与执白棋手比较，即"贴目"法。

② 黑棋 181 个，白棋 180 个，回合数往往会达到 200~300 甚至更多。

③ 何况就平衡性这个大题目而言，先后手问题带来的影响只是微乎其微的。

回合，先手玩家将会有 1＋2＋3＋4＋5＋6＋7=28 的总法力水晶，而后手玩家仅仅只有 21 个。这就导致了平衡性的失衡，所以设计者采取了两个平衡性修正系统来调整平衡性。

一是后手玩家可以获得一张起始手牌——后手玩家在第一回合拥有四张手牌，而先手玩家只有三张，这让后手玩家拥有更多的手牌资源（图 3.4.7）。在第一回合中，让出牌选择的空间更大，使后手的资源劣势得到一定的抵消。

图 3.4.7 《炉石传说》的后手玩家可以额外获得一张起始手牌

二是后手玩家可以获得"幸运币"卡牌，这张牌在打出之后，可以让后手玩家获得一个法力水晶（图 3.4.8）。此时，后手玩家与先手玩家的法力水晶数相同（都是 3 个），从而让后手玩家获得相同的出牌能力。而考虑到后手玩家拥有额外的一张手牌，此时后手玩家可以做出更多的战术组合，甚至具有一定的战术优势。另外，"幸运币"属于法术牌，某些游戏角色和卡牌可以利用法术牌获得更多资源。《炉石传说》通过这两个平衡性修正系统，最大限度地补正了后手劣势，使得游戏的平衡性增强。《炉石传说》也以绝佳的平衡性，成为 CAG 中竞技性最强的作品之一 [①]。

即时制游戏在规则平衡方面是有显著优势的。如在《英雄联盟》中，双方都占有了同样的场地和同等的条件，同时开始游戏并同时结束。这就从根本上杜绝了回合制游戏在规则平衡上的问题——至少在规则上，即时制游戏是公平的。

如果你设计的是玩家之间的回合制对抗游戏，也可以设计一个平衡性修正系统，来有效改善游戏的平衡性。

---

① 但据暴雪官方统计，在《炉石传说》的所有联赛中，先手玩家仍有 52.5% 的胜率，即使是大师级比赛，先手玩家的胜率也还是 50.4%。虽然先后手的影响已经微乎其微，但想要彻底消除先手的优势，依然是无法做到的。

图 3.4.8 《炉石传说》的后手玩家可以获得"幸运币"

2. 交互的平衡性

规则的平衡是一种理论上的平衡，但在实际的游戏过程中，平衡性又会被诸多因素所影响，而交互性的因素是最关键的一环。交互的平衡性，往往是设计者更难左右，但又不得不采取措施加以应对的问题。

具体说来，交互的平衡主要分为如下两点。

1）人与游戏的交互平衡——游戏的"难度"

任何游戏都至少需要一名玩家，而作为自然人，各个玩家的智力、身体素质、洞察力、反应能力等与游戏过程息息相关的能力都各不相同。但对于每个玩家而言，游戏的规则又是相同的，这就必然导致某些玩家认为游戏过程过于复杂难以完成，而另一些玩家又觉得游戏过程较简单而没有兴趣。

因此，成熟的游戏作品，往往会在不违反游戏基本规则的前提下，针对每位玩家的状况将游戏系统进行一定程度的调整。而一般情况下，交互平衡的调整会表现为**"难度"**设置。与"平衡性修正系统"不同的是，这种调整并没有普适性，而是因人而异的。

电子游戏中的单人游戏，尤其是角色扮演类游戏与策略类游戏作品中，为不同水平的玩家做出不同的难度设置的做法是非常常见的（图 3.4.9）。

不仅如此，有相当多的现代桌面游戏，会设置"初学者规则""进阶规则"与"专家规则"等，不同难度的游戏体验完全不同，如《全球传染病》（*Pandemic*）（图 3.4.10）。

其实，古代游戏作品中也有非常多的难度设置思想，如巧环（六连环、九连环等）、华容道、孔明锁、四喜娃娃等中国传统游戏，都有着难易不等的多种形式。现代的魔方游戏也是难度设置的典范（图 3.4.11）。

你是否会考虑为自己的游戏设置多种难度，让不同水平的玩家都可以从游戏中获得乐趣呢？

2）人与人的交互平衡——对战中的玩家水平

在拥有两名以上玩家的游戏中，人与人之间的合作、竞争与对抗是交互性的核心表现形式。但如前文所言，人与人之间的能力差异是明显的，所以我们需要因人对游戏作出调整。直接调整游戏的系统是一个手段，而**为玩家分配水平相当的对手**则是另一个重要手段。

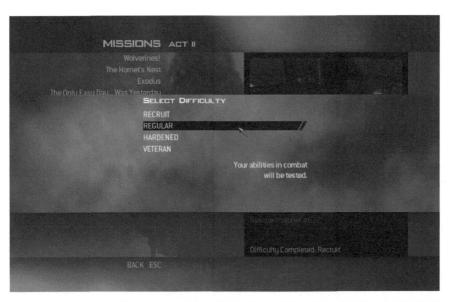

图 3.4.9 《使命召唤》系列经典的四级难度设计及文字描述(《使命召唤:现代战争 2》)

图 3.4.10 《全球传染病》为初学者、普通玩家和老手提供了三种不同的难度

图 3.4.11 从难到易的五阶、四阶、三阶魔方

比如，围棋很早便有被称作**"段位"**的水平判定体系，这是为了方便棋手与棋力相当的对手对弈；武术对抗中，在水平判定之外还要加上体格判定——体重差异较大的选手之间的对决，其结果是不被承认的；而在现代的网络游戏中，将不同水平的玩家分开游戏，几乎是任何游戏运营者都必须遵循的法则。

不仅仅是对抗性强的游戏需要如此，以合作达成目标为目的的游戏中，分配水平相当的玩家结成小组，也是非常重要的——正如强者与弱者结成的队伍，其效率往往会比全是普通人的队伍更低一样。

梯次比赛（ladder tournament）是在西方游戏比赛中广泛使用的一种体系，在竞技型的电子游戏中，往往也被借鉴。这种电子游戏中的梯次比赛，被称为**天梯系统**[①]。

天梯系统的主要目的是如实反映单个玩家的水平在所有玩家中所处的位置。在玩家加入游戏时，匹配与该玩家水平相当水平的玩家作为该玩家的对手。大量的实践表明，这是一套行之有效的系统。在《逆战》《英雄联盟》《三国杀 online》《星际争霸 2》等游戏中，天梯系统都得到了成功应用（图 3.4.12）。

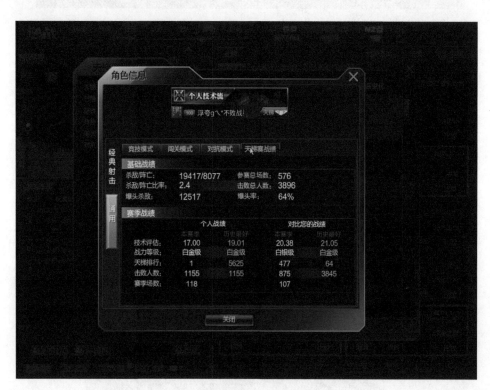

图 3.4.12 《逆战》的天梯系统

3. 平衡性的价值

平衡性是游戏作品创作和游戏进行过程中最不可忽视的环节。这是因为，**平衡性是对游戏的本质要素——娱乐性最重要的影响因素**。完善的平衡性，可以极大程度地保证玩家在游戏过程中所获得的乐趣，而这也同时保证了游戏作品的基本价值（图 3.4.13）。

---

① 在国外一般依然叫做 ladder tournament，天梯系统是中文独有的说法。

图 3.4.13　《星际争霸》系列游戏拥有近乎完美的平衡性

在游戏创作中强调平衡性，可以完善游戏规则，激发玩家的再创造，提高游戏作品的品质和生命力。 规则越完美的游戏作品，就越有反复游玩，甚至深度研究的价值，而一批"铁杆玩家"的出现，不仅可以提高游戏作品的知名度、扩大流行范围，还能提高玩家的再创造积极性，使游戏作品不断发展、品质不断提升，从而长久保持生命力。

在游戏过程中调整平衡性，可以提升玩家的游戏体验，将更多的游戏乐趣带给玩家。 在游戏中解决符合自己能力的问题，战胜水平相当的对手，都会给玩家带来非常美好的心理感受——我们往往称之为**"成就感"**。成就感是最宝贵的游戏乐趣之一。无论是面对过于强大的对手和过于复杂的问题，还是面对过于弱小的对手和过于简单的问题，玩家都无法获得成就感，进而极大地影响游戏乐趣。相反，一种可以反复给予玩家挑战与成就感的游戏，则无疑会是成功且长寿的。

3.4.3　拟真度

拟真度一词是评论家与玩家概括游戏作品（往往是模拟现实事物的电子游戏作品）样态及系统的精细程度以及对现实的贴合程度的概念，即"模拟现实事物的真实程度"。

SIM 和 FPS 等电子游戏的拟真度是最直观的。随着技术的进步，最近的 SPG 已经越来越接近真实的体育比赛了，不管是画面还是动作，是操控性还是可玩性，都已经达到了炉火纯青的地步。在射击游戏方面，游戏系统对枪弹弹道的模拟也已经越来越趋于真实。

但是，并非只有上面提到的那些电子游戏作品才拥有"拟真度"的概念，很多桌面游戏也同样达到了对现实的高度拟真。如《农场主》（*Agricola*）便是一个高度模拟田园生活的桌面游戏作品，在其中，田园生活的所有方面几乎都得到了体现——我们可以犁田种地（可以种植多种农作物）、盖房子（有三种房子可盖）、钓鱼、伐木、采集芦苇、烤面包、修建栅栏、圈养家畜、抚养儿女……并且，这个作品的巧妙之处在于，借由回合制游戏的缓慢节奏，营造了悠闲轻松的田园氛围；通过实木制造的游戏道具，拉近了城市和乡村的距离，从而进一步提高了模拟田园生活的真实程度（图 3.4.14）。这种高层次的拟真度，是大多数电子游戏很难达到的。

图 3.4.14　经过精心设计的桌面游戏，同样可以达到很高的拟真度（《农场主》）

与 3.4.1 节中对操控性的论述相同，强化拟真度的设计理念同样会让游戏的开发难度提高，需要强大的开发能力作为支撑。同学们作为游戏设计的初学者，在运用强化拟真度的设计方式时，需要充分考虑到实现难度，避免让自己的策划方案成为空中楼阁。

3.4.4　对抗性

之前说过（参见 3.2.1 节），铁饼、标枪、跳远之类的古代奥林匹克游戏，都是通过一个瞬发性动作的结果（投掷或跳跃距离）得出成绩的简单游戏；而陀螺罗也是，由不停地抽打动作保持陀螺的自转，通过转动时间的不断提升或转速的加快等，获得乐趣的游戏。此类游戏，一个人可以自娱自乐，多人也可以通过比较成绩从而得出胜者，但它的游戏规则本身，**并不以玩家之间的直接对抗为必要条件**，我们称其为**弱对抗游戏**（图 3.4.15）。

图 3.4.15　几乎不含对抗性的即时制游戏《模拟城市社交版》（*Sim City Social*）

与弱对抗游戏相对的是**强对抗游戏**。强对抗游戏的核心规则，便是**双方玩家直接对抗并决出胜利者**。此类游戏古已有之，但到了近代，才随着人类社会的发展而逐渐成熟。足球、篮球、橄榄球等由双方玩家激烈对抗的游戏，都是近两百年才产生的。强对抗游戏是即时制游戏的主要形态，而在电子游戏中，强对抗的即时制游戏，也是主流的游戏形态。

如果想设计对抗性较强的游戏，首先需要设计一套经得起考验的游戏规则和大量为对抗而生的游戏系统。游戏的平衡性、可玩性、操控性都需要达到比较高的标准。而且，大量的测试和验证是必需的，如果有条件，建议你制作一个小的 demo 来测试你的游戏设计方案。

如果你设计的是回合制游戏，以采用制作简易桌游的方式 ① 来验证游戏规则。例如，（图 3.4.16）中，就使用了战争模拟类桌游 *Battle Cry* 的道具和地图模拟了策略类电子游戏 *Wartile* 的玩家对抗。

图 3.4.16　对于回合制游戏规则，可以用类型相近的桌面游戏道具来进行测试

———————————

① 或使用类型相近的桌游的游戏道具来进行测试。

思考题

　　进一步完善你设计的游戏，为你的游戏添加更多的系统。以自己的设计风格，写出详细的策划方案，并且说明这些系统的设计目的，是强化了可玩性、自由度、操控性、平衡性、对抗性、拟真度的哪个方面，从而提升了游戏乐趣。

　　参考资料：一个成熟的游戏策划案往往有**设计思想综述**、**核心规则（玩法）说明**、**世界观和故事背景说明**、**角色设定**、**主要系统及其功能说明**、**交互模式说明**、**数值与关卡设计说明**等。有条件的设计师还会准备美术设计的相关内容或者游戏 demo。

　　游戏策划案的书写方式因人而异，同学们不必拘泥于已有的形式，可以大胆创新，能够清晰有力地描述自己心中那个游戏的策划案，就是好的策划案。

（本章内容由陈泽伟主笔）

第4章

游戏的世界观与剧情设计入门

在第 1 章中我们就曾经提到，游戏的文化性是游戏最重要的属性之一，而游戏的文本（text），尤其是世界观与剧情，是当今电子游戏文化背景的核心部分。

世界观与剧情不是游戏规则的必要一环，但其在游戏作品中的所占比重却越来越大。因此，游戏的世界观与剧情设计，也是我们必须研究和学习的内容。

在本章我们将应用文艺学理论分析游戏剧情的特性，结合我们的研究成果，力图将它的全貌展现给大家。

除此之外，我们还将介绍大量的游戏世界观与剧情案例，引导大家进入实际的设计环节，在之前设计的规则和玩法基础上，进一步完善你的游戏。

下面，让我们走进神奇的文本世界。

4.1 世界观与剧情的母体——游戏文本

在研究世界观与剧情之前，让我们首先来学习它们所属的游戏文本的概念。**游戏文本，是一切游戏内文字的统称，也是世界观与剧情最主要的表现形式**，因此，认清它在游戏中扮演的角色和所起到的作用，是非常重要的。

文本（text），是文艺学的重要概念。它是指书面语言的表现形式，通常是具有完整和系统含义（message）的一个句子或多个句子的组合。一个文本可以是一个句子（sentence）、一个段落（paragraph）或一个篇章（discourse）。

游戏的规则，可以是脱离语言表达的抽象概念，因此它的呈现并不依赖文本，但是，文本同样可以是游戏内容的重要组成部分。

首先，**文本是游戏规则的载体**。除远古时代的游戏外，游戏作品的设计和传播往往都要依赖文本进行，而游戏的规则也要通过文本来呈现。

然后，**文本可以参与游戏结构的构建**。文本在游戏中的这一作用拥有悠久的历史，例如在麻将游戏中，由"中、发、白""东、西、南、北""一万至九万"等文本命名的骨牌，以及扑克游戏中的 A~K，是游戏的重要部分；而在现代桌游中，设计师往往会把大量规则文本直接呈现在卡牌或棋盘上——如果离开这些文本，游戏将难以进行（图 4.1.1）。

图 4.1.1 现代桌面游戏卡牌示例（《冷战热斗》(*Twilight Struggle*)）

最后，在现代游戏作品中，**文本还可以赋予游戏丰富的文化内涵**，给玩家带来更强的审美体验。甚至有些作品，如文字 AVG 等，更以文本阅读和基于文本的分支选项为它的核心规则与玩法。这部分的游戏文本又与文学作品比较相近。

但必须要说明的是，与传统的文学作品相比，游戏文本拥有自己的鲜明特色。它的创作方式、创作思路、创作风格，均有与传统文学作品不同的特性，并且，其表达方式也呈现了多样化的趋势。

游戏文本的"世界观"体系和独特的剧情演进方式，是**游戏文本的最大特色**，而在游戏设计中，我们所要重点设计的游戏文本，就以这二者为主。

4.2　游戏的世界观与叙事设计入门

世界观（world view[①]）是认知哲学和生产科学中的重要概念，它所表达的是人所拥有的对广泛世界的认知，是一个"广泛世界的观念"——透过它，个体可以理解这个世界并且与它互动。

在游戏设计领域，我们所提到的"世界观"概念发源于日本。著名亚文化学者、日本东京大学特任教授大塚英志对角色小说领域中的世界观一词曾有"世界观是看待角色所处的世界的方式"[45]的定义；而另一位亚文化学者、东京大学博士东浩纪对亚文化中的世界观概念也有"将故事的样式加以规定的形式化的规范意识"[46]的定义。

世界观的概念林林总总，不一而足。而我们认为，**游戏设计领域的"世界观"概念，是指某个作品所构建的世界、所遵循的法则、所创造的故事的运行方式——总而言之，是只在这个作品中所生效的认知体系。**

在戏剧、小说等文学领域，虽然也常有基于作者幻想的架空世界的作品，但不可否认的是，采取现实主义的价值观并基于现实世界的作品占有极大的比重。阅读和欣赏这类作品，并不需要了解和接受一套特殊的认知体系。但游戏领域不同，在现代游戏领域，游戏世界大都是脱离现实的幻想世界（模拟类游戏除外），那么，要游玩一部游戏作品，就必须要了解它的世界观——在这一背景下，世界观设定的好坏就显得尤为关键了（图 4.2.1）。

图 4.2.1　具有翔实而充满想象力的世界观设定的《最终幻想》系列

---

① 本概念往往使用德语 Weltanschauung 表示。

在小说创作领域，有一句流传甚广的谚语——"你对你所创造的世界有多了解，你的故事就会有多生动。"这说明了详细、完整的世界观设定的重要意义。

需要说明的是，在一个故事中，故事情节的张力始终是故事优良程度的最重要的保障，但故事的每一个环节的发生与发展，都与世界观息息相关。在现代游戏领域，世界观的重要程度被进一步放大了。一部游戏的好坏，或者至少是它的吸引眼球与否，很大程度上取决于设计师创造这个游戏世界的想象力。

在了解了世界观的概念和意义之后，就让我们来学习如何来设定一部游戏的世界观。之后，我们也会讲解如何在特定的世界观之下，创造足够合理的叙事方式，使游戏剧情与游戏内容协调一致，达到更加出色的展示效果。

4.2.1　世界观与叙事的空间维度

还记得我们在第3章所学的，游戏规则的设计方式吗？与此相同，游戏作品世界观和剧情展示的设计，也要遵循时间和空间的设计原则。

那么在本节，我们首先来了解如何从时间角度设计你的世界观和叙事体系。

需要说明的是，与文学创作类似，世界观和剧情的设计方式没有一定之规，在本书中，我们只是尝试用自己的研究成果，引导大家掌握一种相对成熟的世界观和剧情的设计方式。

1. 宏观空间设计——构建整个世界

本节将以《西游记》及其改编游戏为轴，以"**真实历史——原著——忠实于原著的改编——脱离原著的深度改编**"为顺序，论述从空间角度进行世界观构建的一种思路。

吴承恩所著的《西游记》是中国文学、中国文化乃至全人类文化的瑰宝。历经四百多年历史，依旧散发着璀璨的光辉。

《西游记》取材于《大唐西域记》及《大唐三藏取经诗话》，主要描写了孙悟空、猪八戒、沙和尚三人保护唐僧西行取经，唐僧经受了九九八十一难，一路降妖伏魔，九九归一，终于到达西天见到如来佛祖，最终五圣成真的故事。

《西游记》的世界观非常复杂，而我们今天要研究的，是其中的地理部分。

首先，让我们来了解一下历史上真实的"唐僧"——玄奘法师的西行取经路线，并还原到地图之上。

玄奘法师西行取经，行五万余里，历时17年，行经当时的110个国家。在这里我们仅整理了玄奘法师去程精简版的路线——由长安经兰州到凉州，继昼伏夜行，至瓜州，再经玉门关，越过五烽，渡流沙，备尝艰苦，抵达伊吾（哈密），至高昌国（今新疆吐鲁番市境）；后经屈支（今新疆库车）、凌山（耶木素尔岭）、碎叶城、迦毕试国、赤建国（乌兹别克斯坦首都塔什干）、飒秣建国（今撒马尔罕城之东）、葱岭、铁门，到达货罗国故地（今葱岭西、乌浒河南一带）；南下经缚喝国（今阿富汗北境巴尔赫）、揭职国（今阿富汗加兹地方）、大雪山、梵衍那国（今阿富汗之巴米扬）、犍双罗国（今巴基斯坦白沙瓦及其毗连的阿富汗东部一带）、乌伏那国（巴基斯坦之斯瓦特地区），到达迦湿弥罗国（今克什米尔），随后，进入南亚次大陆，公元631年，终于到达当时的世界佛教中心——那烂陀寺。

而《西游记》作为神话小说，自然要对真实的历史做出一番改编。《西游记》的世界观中，在空间设定上，主要引用了佛教的四大部洲——东胜神洲、西牛贺洲、南瞻部洲和北俱芦洲的名称作为世界主要组成部分，这是"地上"的部分。除此之外，《西游记》的世界还包括天外的天庭和幽冥。

当然，中国古代小说没有附带地图的惯例，《西游记》的世界是依靠纯粹的语言描写来展示的。然而在游戏世界里，我们需要把我们心目中的形象具象化，来直观和形象地展示给读者和玩家。

那么，这个世界大体是这样的（图4.2.2）：

图4.2.2　《西游记》四大洲假想地图（《幻想西游记》）

怎么样？是不是很有身临其境的感觉了呢？图4.2.2中，南方的大陆就是南瞻部洲，而西方的大陆是西牛贺洲。大唐的领土位于南瞻部洲，而唐僧西行的目的地——天竺，以及旅行中的大部分所经之处都位于西牛贺洲。

下一步，我们可以将《西游记》的故事加以整理，重点突出它的地理信息（图4.2.3）。

可以看到，吴承恩在写作《西游记》时，是非常注重地理信息的脉络梳理的，**他致力于通过完善地理信息，让自己演绎的"西天取经"情节与玄奘真实的行程体现出内在的一致性。**所以，唐僧的整个行程中，每一个情节的发生地，都有比较详细的描写，并且无论是故事还是地理信息本身，都是一环扣一环，有着清晰的起承关系的。

我们在进行世界观的设计以及故事的编排时，也可以向吴承恩学习，创造出清晰的空间概念，这对于提升整个故事的张力和表现力都是非常有作用的。

接下来，我们还可以再将这些地理信息与情节进行汇总，再将其融入刚刚展示的地图中，加以编排，就可以得到一张《西游记》中的唐僧西行路线图（图4.2.4）。

部洲	地名	到达回数	途中遇到的妖魔
南瞻部洲	唐国长安	第十二回	
	唐国法门寺	第十三回	
	唐国巩州城		
	唐国河州卫		
	唐国双叉岭		寅将军、山君、处士
	两界山	第十四回	五行山心猿
	西番哈咇国	第十五回	
	蛇盘山鹰愁涧		西海龙王三太子
西牛贺洲	观音禅院	第十六回	黑风山熊黑怪
	乌斯藏国高老庄	第十八回	福陵山云栈洞猪刚鬣
	浮屠山	第十九回	
	黄风岭	第二十回	黄风洞黄风怪
	流沙河	第二十二回	卷帘大将沙悟净
	万寿山五庄观	第二十四回	
	白虎岭	第二十七回	白骨夫人
	黑松林	第二十八回	碗子山波月洞黄袍怪
	宝象国	第二十九回	
	平顶山	第三十二回	莲花洞金角大王、银角大王
	宝林寺	第三十六回	
	乌鸡国	第三十七回	狮狻王
	枯松涧	第四十一回	火云洞圣婴大王
	黑水河	第四十三回	泾河龙王第九子鼍龙
	车迟国	第四十四回	虎力大仙、鹿力大仙、羊力大仙
	通天河	第四十七回	莲花池金鱼
	金皘山	第五十回	金皘洞独角兕
	子母河	第五十三回	解阳山聚仙庵如意真仙
	西梁国	第五十四回	琵琶洞蝎子精
	草舍	第五十八回	六耳猕猴
	火焰山	第五十九回	翠云山铁扇仙
	祭赛国	第六十二回	乱石山碧波潭万圣龙王、九头虫
	荆棘岭木仙庵	第六十四回	十八公、孤直公、凌空子、拂云叟、杏仙
	小雷音寺	第六十五回	黄眉大王
	驼罗庄	第六十七回	红鳞大蟒
	朱紫国	第六十八回	赛太岁
	盘丝岭	第七十二回	盘丝洞蜘蛛精
	黄花观	第七十三回	百眼魔君
	狮驼国狮驼岭	第七十四回	狮驼洞青毛狮子怪、黄牙老象、云程万里鹏
	比丘国	第七十八回	白鹿、白面狐狸
	镇海禅林寺	第八十回	陷空山无底洞金鼻白毛老鼠精
	灭法国	第八十四回	
	隐雾山	第八十五回	折岳连环洞南山大王
	天竺国凤仙郡	第八十七回	
	天竺国玉华县	第八十八回	竹节山九曲盘桓洞九灵元圣
	天竺国金平府	第九十一回	青龙山玄英洞辟寒大王、辟暑大王、辟尘大王(俗称犀牛精)
	天竺国百脚山布金禅寺	第九十三回	
	天竺国都		蟾宫玉兔
	天竺国铜台府地灵县	第九十六回	
	天竺国灵山雷音寺	第九十八回	

图 4.2.3 《西游记》的剧情及地理信息

图 4.2.4　《西游记》的唐僧取经图

这样的地图，是不是非常直观和清晰呢？对于西游记的品读和情节梳理，它自然非常有帮助。但对于我们游戏设计师，它还有着更重要的作用——彰显游戏作品的空间逻辑，从而进一步制作出游戏地图。

让我们再看看上面这幅地图，如果想利用它，制作一个忠实于《西游记》原著的 RPG游戏，应该是完全合格的。

国产经典 RPG《大唐三藏》就是采用这样设计方式的 RPG 游戏（图 4.2.5）。

图 4.2.5　《大唐三藏》忠实于原著的剧情表现

《大唐三藏》无论是空间逻辑还是剧情顺序，都和《西游记》原著相差无几。游戏采用了单线程发展架构，剧情丰富，设有"中国篇""宝象国篇""乌鸡国篇""车迟国篇""女儿国篇""祭赛国篇""朱紫国篇""比丘国篇""钦法国篇""天竺国篇"等主线故事。众所周知的一些章节，如高老庄、通天河、火焰山等都有重点描写。不过，和很多国产单机RPG游戏一样，它有着缺少大地图的弊端，所以我们无法验证它的地图设计，但就像吴承恩先生用妙笔写出了《西游记》的准确地理状况、让我们可以轻松整理一样，这部作品的地理信息，也和原著一样清晰可见。

当然，这依然要归功于《西游记》世界观本身合理清晰的空间设计。

忠实原著虽然不错，但我们还有更加巧妙的做法。这就是网络游戏演绎。《梦幻西游online》就是《西游记》网络游戏改编的经典之作（图4.2.6）。

图4.2.6 《梦幻西游online》的大地图，四大部洲的设计独树一帜

作为中国网络游戏早期最成功的作品，《梦幻西游online》的优点很多。在本节中，只讨论宏观空间设计。既然是西游游戏，四大部洲的设定一般都是存在的，但与《西游记》原著中，故事主要发生在大唐以外的大陆——西牛贺洲不同，《梦幻西游online》把原著中出现的大部分地点都移到了大唐所在的南赡部洲。这样，南赡部洲就成为四大部洲中最主要的大陆，而原作中最主要的大陆西牛贺洲，却成为只剩边角几个地点的次要大陆，东胜神洲基本保持不变，而原作中几乎没有出现的北俱芦洲，却成为具有几个原创神秘地点、有各种强力敌人出现的冰雪大陆（图4.2.7）。

图 4.2.7 《大话西游Ⅱ》的大地图完全摒弃了四大部洲，成为适合网游的大陆布局

　　于是，《梦幻西游 online》的世界就呈现出了拥有一个主大陆——南瞻部洲，和三个大小与重要程度几乎相等的次要大陆——东胜神洲、西牛贺洲和北俱芦洲的全新样貌。

　　这样的地图设计有什么好处呢？

　　因为设计一个主要大陆，作为玩家（至少是绝大部分玩家）的出生点和主要游戏场所，符合大型多人在线 RPG（以下简称 MMORPG）的游戏特征，这可以使玩家的出生地和早期的游戏内容尽可能地相似，可以使玩家角色的成长保持在可控范围之内，也有助于促进玩家的游戏理解，使玩家能够更快速地了解游戏世界。更加重要的是，它可以节约游戏的开发量，也使得游戏运营方对游戏的管理更加精确有序。

　　在《梦幻西游 online》之后，《大话西游Ⅱ》的地图设计干脆摒弃了四大部洲，直接设立了长安城及周边地区所在的中央大陆，和各种附加场景、副本所在的七个其他大陆。这一点，无疑是更加贴近 MMORPG 需要的修改。

　　到了这个地步，我们可以看到，《西游记》原著对游戏的影响，已经相对较低了。

　　腾讯游戏出品的《斗战神》也属于这样深度改编《西游记》原著的 MMORPG（图 4.2.8）。

　　《斗战神》在剧情设计中，将《西游记》的原著剧情加以深化和颠覆，以期收获比原著更显著的"讽刺世相"[1] 的效果。

---

[1]　"讽刺揶揄则取当时世态，加以铺张描写"，见文献 [47]。

图 4.2.8 《斗战神》中吸收孙悟空灵力的"灵蕴装置"

仅举一例，比如原著中，如来佛祖将孙悟空压在五行山下五百年，是为了让其悔过自新，而《斗战神》中，孙悟空被压于五行山下并非只因大闹天宫之过，而是东西天的神仙垂涎其强大的灵力——在被困在五行山下的五百年时光中，孙悟空的大部分灵力被那些神仙们的"灵蕴装置"吸走，所以曾经在天界不可一世的他，才会在后来的取经途中，与各路妖怪战斗都十分吃力。

在这样的背景之下，《斗战神》中的五行山，背上了欺侮孙悟空五百年的"原罪"，因而充斥着迷失的人，他们不知道自己因何而存在，因何而战，这是他们为原罪而付出的代价。玩家的任务，是带领他们找寻自我，达到解脱的彼岸。

因这样的剧情设计，《斗战神》的世界观具有抽象化的特性，其叙事方式也与《西游记》原著大相径庭，所以，它的空间设计也是本节所说的游戏里，离《西游记》原著相差最远的。

第一，四大部洲被整合成了一个大陆，其中的一半隐藏在黑暗之中，这与《斗战神》带你深入黑暗、走出黑暗的剧情主旨保持了精神上的一致。

第二，我们可以清晰地看到，大陆东部的两条主要河流和真实世界中的长江、黄河形态、走向几乎完全一致——而长安和黄河的相对位置，与现实相同。

第三，除此两条河流和长安之外的其他地点，以及大陆外形等，全部为虚构。而且，长江被重新定义为西游记中的"流沙河"，也就是唐僧收服沙僧的地点。假假真真，虚实结合。

这一设计十分出色，它把真实世界和幻想世界结合起来，赋予了它光怪陆离的特性，"假作真时真亦假，无到有时有还无"，从而更好地展现了本作透过幻想揭露真实的创作意图。

在游戏的宏观空间设计之外，微观的空间设计也非常重要，这一部分，我们会在第 5 章（游戏的关卡与场景设计）予以重点论述。

2. 游戏的空间叙事

上面我们讲了如何依靠宏大的空间设计让作品的世界观更加有血有肉，而在本节，我们要阐述如何令空间设计参与到游戏叙事的过程中来。

叙事，是文本的看家本领。自古以来，人类都是依赖文学作品和各种形式的戏剧去讲述故事的。但是，除了文本，创作者们还有多种其他的叙事手段。比如在电影艺术中，不依赖言语，只使用镜头语言叙事的例子也非常多见。

在游戏中，空间叙事是独具特色的叙事方式。下面来通过华人游戏设计师陈星汉的名作《风之旅人》（*Journey*），来展示空间叙事的巨大魅力（图 4.2.9）。

图 4.2.9 《风之旅人》的主题画面——穿越沙漠、望向远山的旅人

《风之旅人》是一款极特殊的冒险游戏，在这款游戏里，玩家只能控制角色移动、跳跃、触发机关，而不能进行任何攻击操作或使用武器。在游戏的场景中，同时会出现两位玩家，除你之外的他可能会来自任何一个国家，对他的个人信息你一无所知——也许是六七岁的小女孩，也许是六七十岁的老人，当然更有可能是你的同龄人。而你们交流的唯一方式是发出单一的共鸣声，听起来像"布谷"，同时身体上方闪出一个亮光符号，很远都能看见。

"与其让玩家之间相互厮杀斗争而没有任何情感交互，我们更希望制作一款可以让人和人之间相互理解相互支持的游戏。与其让玩家感觉力量膨胀不再需要他人，我们要让玩家感觉自己相对世界渺小和孤独，这样当他们在互联网上遇到另一个玩家时才会真正有兴趣去和其他玩家社交"——陈星汉这样阐释自己的设计理念[1]。这一理念，《风之旅人》无疑是成功达成了，而它成功的关键就是独具特色的空间叙事。

游戏始于一个电影般的长镜头，随着旅人的足迹，从连绵不绝的沙丘之上穿过，最终落于远方的山巅——那是游戏的终点。游戏没有明显章节和关卡划分，但它的不同部分却都有着鲜明的场景主题——我们可以将其分为"沙""谷""塔""雪""山"[2]。这五大场景

---

[1] 选自陈星汉本人对知乎问题"设计《旅程》（*Journey*）这款游戏时，你内心中追求的主题是什么？"的回答。原文地址：https://www.zhihu.com/question/20125406/answer/14067659"。

[2] 本小节中，对《风之旅人》的分析思路、部分分析内容以及图片素材，均来自游戏评论家 Gromit 对知乎问题"玩《风之旅人》（*Journey*）的感觉如何？"的回答。本引用已获作者本人授权。原文地址：https://www.zhihu.com/question/20131394。

都具有明确的情感表达目标，也赋予了玩家截然不同的情感体验。

首先是"沙"，它是两位旅人旅程的第一个情境。旅人在苍茫荒漠之中漫无目的地行走，一个人，看不到世界的尽头，在沙尘的后面隐隐约约有些墓碑、断壁残垣，除了风声什么也没有，除了足迹什么也没留（图4.2.10）。

图 4.2.10 《风之旅人》的场景——沙

你沉浸在这个孤独的意境中，很平静，总有一种好奇让你穿越一个一个场景。直到有一刻，突然从你的上空越过一个和你一样装束的人，让你整个人都精神振奋起来。对这个仿佛经历了漫长时间才遇到的人，你无法说话，没有肢体动作，你对他发声，他回复你一声，仅是如此，但却足够让你兴奋不已。

这不是既定的游戏设置，这是世界上两个真实存在的人，你永远不知道对面的他／她是谁，在想什么。此时你可以做出两个选择——跟他一起走，或是一个人离开。绝大多数情况下，你们会一起走下去。但意外总是难免的，最残酷的遭遇是"妾心如水，良人不来"，另一个人完全将你无视，来去匆匆，空余你追逐等待。

无数人无数次在沙丘顶端的怅然回望，无法抉择。沙丘这一边是飞舞的布幡要引领你去机关位置，你害怕错过之后便会在这个世界里找不到方向；另一边是你刚遇到的那个人，你在心里不断地说着"过来，过来"，不停发出鸣叫和信号，他却不为所动。当你遗憾地离开，又不时回望，已经远得看不见身影。而当你带着失落一人前行，却又会突然在前方看见他的身影。短短的一段游戏时光，却能让你的情感如此地飘摇起落、纠结反复。

倾泻而下的沙墙横亘在天地间，浮现出神秘的启示，你缓缓拉开一条走廊，它的尽头隐隐有光芒。"宏大的沙海、飞舞的布幔、古老破败的神迹、形单影只的你，或者若即若离的你们。"——上面这句是旅程中的一个片段，景与情恰到好处地相互映衬。你不知道下一刻会不会走散，你的情感沉浸，已经从游戏的场景，转向你的同伴。两人一起前行，却不知道是不是你陪我到最后。

游戏中有很多带有隐喻的梦境，有高大的长袍者在梦境中与玩家相视凝望，默然无语，片刻即逝，他或许是主人公的父辈。而每当场景切换时，都会浮现出一副壁画，像是在讲述历史，为你引路（图4.2.11）。

图4.2.11 《风之旅人》的场景——梦境

《风之旅人》的剧情并不明朗，几乎都是模糊的象征、支离的线索。在游戏界，对这个游戏有各种各样的解读，而更多的玩家还会选择不去解读，就如同我们。但游戏通过这些场景所要表达的情感呼之欲出，这便是空间叙事的魅力。

接下来是"谷"。有了第一段"沙"的经历，两个人开始学会紧密地前行，而如果玩家在沙漠中丢失了你的伙伴，那么在"谷"开始时会随机匹配一位新的同伴（图 4.2.12）。

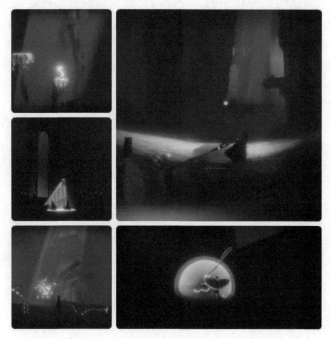

图 4.2.12 《风之旅人》的场景——谷

在光线暗淡的谷底，两个人很自然地拉近距离，一边行进，一边环顾两边巨型的石像群——像是眼镜蛇，一副蓄势已久的姿势。沉浸在场景营造的阴郁气氛中，两人不知不觉地走了很长一段路，而谷底出现了一条大蛇，它不时出现的攻击，更让两个人紧紧相依。这样走了很久，终于看到一道闪亮的大门，你和同伴拼命往前跑，背后是穷追不舍的大蛇，50米……40米……30米……炫目的光线照亮了谷底，阴霾和大蛇一起，烟消云散。

《风之旅人》地下场景的最后一部分是"塔"（图 4.2.13）。"塔"是一个封闭的密室，不再有危险，只需要你们触发一个又一个机关，把中间的塔从下至上完全点亮。而每亮起一层，就会涌出似水似雾的流体，在这里你是轻盈的，自由游弋，有巨大的形似"鳗鱼"的布幡，你可以骑在它背上，上升下潜，分不清是在天上还是在海里。

你们不断点亮四周的石壁，享受着探索和解谜的快乐与刺激，直到整个塔灯火通明，直到父辈再次出现在你的梦境之中，塔顶的闸门拉开——两个人重获自由！

从"塔"回到地面的时候已是冰天雪地（图 4.2.14）。劲风直吹，完全走不动。两人不得不找个石碑躲避一下，等风稍小一些再往前走一段，如此重复。

远方的天空中似乎有物体飞来，竟然又是那条机械大蛇，你们还没找到躲避的地方就被撞飞。这一段路程充满了强烈的恐惧感和无助感，你和他躲在一个小屋里，大蛇的探照灯从屋顶扫过，不敢轻举妄动，你们甚至屏住呼吸，转动视角看那几百米的巨型身躯慢慢飞过。朋友的帮助也充满了力量和关怀，就算你一次又一次被撞飞，他还是在安全的地点等你，不停发出鸣叫，仿佛是在问你是否有恙。尽管你已经伤痕累累，在暴风雪中迈步困难，还是不断回复他信号，告诉他没事，让他放心。

图 4.2.13　《风之旅人》的场景——塔

图 4.2.14　《风之旅人》的场景——雪

你们每迈一步都异常艰辛，每到达一个安全的营地都会长舒一口气。当两人终于走到安全的地带，看着彼此短短的围巾，你一声我一声地鸣声"对唱"，只想说幸好有你。

在经过雪地之后，游戏也迎来了最终场景——"山"（图 4.2.15）。"山"是整个故事的最终场景，这段充满诗意的优美旅程，也将在这里迎来结束。这段故事是整个游戏的精华，也堪称华人游戏的最高峰，希望读者自行体验。

图 4.2.15 《风之旅人》的场景——山

最后，值得一提的是，在游戏的最终场景前，陈星汉别出心裁地设计了一片纯净的雪地，供玩家在此告别。很多人会在这里，用脚印为患难与共的旅人朋友画下一朵花，画下一颗心（图 4.2.16）。

图 4.2.16 《风之旅人》的场景——雪地之心

这就是《风之旅人》，在三分钟时间里建立的情感牵挂，比三年的普通朋友还要强烈。——这就是空间叙事的力量，它以抽象的艺术表现力，赋予了游戏真实的美感。

我们希望看到这里的同学，可以学习和借鉴陈星汉的匠心，通过空间叙事，将你的情感注入到作品之中，使它具有光彩照人的魅力。

4.2.2　世界观与叙事的时间维度

完成了空间维度设定，接下来学习如何从时间角度设计游戏的世界观。

在故事中，时间就和空间一样重要。如果说空间是故事的基石，那么时间就是故事的脉络和筋骨。有了完善的时间设定，你的故事将会更加清晰。

那么，让我们来从时间维度，构建故事中的整个世界。

1. 构建架空历史

之前已经提到，一个充满想象力的和细节足够丰富的世界观，可以极大地完善作品的内容，提升作品的品质。

而要如何设计一个细节足够丰富、又具有想象力的世界观呢？我们认为，构建架空历史，是一个很可靠的办法。

《樱花大战》系列就是一部在架空历史方面有极高水平的游戏作品。这部作品带有东方色彩的蒸汽朋克风格世界观，十分具有特色，二十年来吸引了无数玩家。

《樱花大战》的故事发生在架空的日本20世纪20年代——"太正"[①]年间，在这个世界里，日本历史上的兵变、军部、侵略战争都被阻止或消灭了，日本走上了与世界和平共处的发展道路。先进的蒸汽科技是太正时代的主导技术，现实中存在过的蒸汽列车自不必说，连蒸汽机器人、蒸汽飞行艇甚至蒸汽空中战舰都驰骋在这个世界的大地和天空（图4.2.17）。

图 4.2.17　《樱花大战》系列中的蒸汽飞艇"翔鲸丸"（《樱花大战——炽热之血》）

---

① 在真实历史中为"大正"年代，即 1912 年 7 月至 1926 年 12 月。

在《樱花大战》年表里，《樱花大战》的设定一直写到了 1457 年的室町幕府时期，而从 1457—1924 年的近五百年时间，都有着详细的架空设定（图 4.2.18）。

西暦(年)	和年号	月日	
1520	永正17		風水都市「大和」建設
1521	大永1		北条氏綱主導による「降魔実験（別称：放神の儀）」開始
1524	大永4		武蔵国渋谷の領主渋谷氏、北条氏綱によって滅ぼされる（葵叉丹によるとする説有り）
			「降魔実験」失敗。「裏御三家」介入。氏綱、魔神器を使用。「大和」沈没
			以後、北条氏綱の消息不明
1530頃			降魔の初見（『百鬼妖怪襲来図』）
1536	天文5	1/1	天海、陸奥国(福島県)で誕生 ※注1
1600	慶長5	9/15	関ヶ原の合戦勃発。天海、東軍(徳川方)として参陣、降魔を実戦導入する
1603	慶長8	3/3	日本橋架橋
		3/25	江戸幕府成立
1612	慶長17		江戸銀座の興り
1625	寛永2	11月	天海、上野に東叡山寛永寺を建立
1637	寛永14	10/25	島原の乱勃発
1638	寛永15	2/28	原城陥落により島原の乱終結
		2/29	天海、原城に姿を現す
1642	寛永19		鎖国の開始
			天海による傀儡政治が始まる
1643	寛永20	10/2	天海の暗殺未遂事件発生。以後、天海行方不明に
			このころ、小田原藩士神崎万次郎により神崎風塵流長刀術が創始される
1657	明暦3	1/18	明暦の大火による降魔の大量発生。「裏御三家」魔神器の使用により降魔を封印する
1698	元禄11	9/6	寛永寺焼失。翌年再建
1793	寛政5		千葉周作成政、誕生 ※注2
1804	文化1		「大江戸大空洞」発見
1820	文政3		千葉周作、北辰一刀流を立てる
1822	文政5		千葉周作、真宮寺家を訪ねて奥州へ
			江戸に帰り玄武館を開く
1826	文政9		木喰(黒鬼会五行衆)、誕生
1834	天保5		真宮寺龍馬、仙台で誕生
1844	弘化1	10/29	神崎忠義、相模国(神奈川県)で誕生 ※注3
1849	嘉永2	9/15	花小路輔恒、相模国(神奈川県)で誕生
1850	嘉永3		幕府による極秘空中戦艦建造計画、通称「星龍計画」発令
1851	嘉永4		真宮寺龍馬、千葉周作の門下生となる
1855	安政2	8/15	山口和豊、甲斐国(山梨県)で誕生
		12/10 (12/13)	千葉周作、死去
1856	安政3	5/12	宮田恭吉、常陸国(茨城県)で誕生
1860	万延1	9/22	タレブー婦人、フランスで誕生
1861	文久1	4/1	米田一basi、江戸(東京府)で誕生
			月山学、誕生
			神崎忠義、小田原藩を出奔。米国へ向かう
1862	文久2	4月	米国南北戦争勃発
		5月	南軍総司令官アルバート・ジョンストン戦死。リー将軍が後任に就く
			以後、ブードゥー教徒呪術部隊を擁した南軍の快進撃が続く
		11/6	ルネ・レノ、フランスで誕生

图 4.2.18 《樱花大战》系列详尽的架空年表（局部）[1]

　　然而，这样的架空世界观，却又能和现实中日本的大正年代完美地结合在一起。大正时代一直有"大正德谟克拉西"之称，是日本战前最为开放、自由、民主的时代。游戏里也是如此，在这里有和平时表演戏剧，危难时挺身而出，驾驶机甲保卫家园的女孩子们，还有上级和下级平等相待的司令和战士。而这个特殊的剧团里，平时负责售票、接待、商品贩卖等工作的女孩子，战时也会担任支援，在蒸汽飞艇翔鲸丸的出击动画中，都可以看到她们身穿战斗服的身姿。

　　《樱花大战》的反派设定也很有趣。《樱花大战》头号反派——天海，原型是为德川幕

---

① 资料来自日本樱花大战专题站"桜花曲輪"，地址为 http://nariyama.sppd.ne.jp/sakura/index2.htm。

府立下汗马功劳的天海僧正。

在《樱花大战》的历史里，天海在整个德川幕府时代一直在幕后统治日本，维持闭关锁国的政策，打压各种进步的意识形态，直到明治时期才开始蛰伏（图 4.2.19）。在故事发生的太正时代，卷土重来的天海希望毁灭西洋化的日本，恢复德川幕府，使日本回到闭关自守、坚持传统的道路上来——这种观念，在亚洲各国直至今天也有相当多的市场。

图 4.2.19 《樱花大战》中充满 20 世纪 20 年代风格的虚构报纸

而把明治维新称为"文明开化"，对美国的黑船① 和麦克阿瑟感恩戴德的日本人，是坚决摒弃这种价值观的。这一点在《樱花大战》里也表现得非常明显——**利用先进科技武装自己的人们，战胜了自古以来肆虐东方的妖魔鬼怪**（图 4.2.20）。

《樱花大战》这一架空历史的时间线设定以及穿插其中的故事，和它的最终结局，极具象征意义。**它将一个常见的、少年少女拯救世界的故事，赋予了永恒的时代主题**。

这就是架空历史的意义和价值。

除丰富作品的细节和内涵之外，架空历史在

图 4.2.20 《樱花大战》中兼具科幻感和历史感的机甲——光武

游戏设计中，还有一些更加现实的意义。比如可以利用架空历史的时间线创作续作、外传、

——————————

① 1854 年，美国海军准将马休·佩里率领远征军打开了日本的国门，并与日本签署《日美亲善条约》，从而拉开了日本近代化的序幕。黑船是对佩里所率领的军舰的通称。

前传乃至各种其他衍生作品，丰富游戏的产品线。在这方面，《生化危机》系列的架空历史设定比较具有代表性（图 4.2.21）。

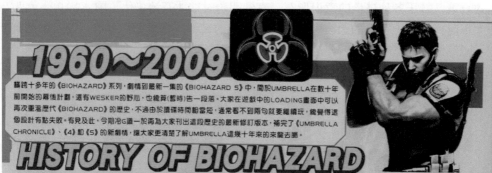

图 4.2.21 《生化危机》系列近 50 年的年表（局部）

在《生化危机》系列中，设计者们也进行了详细的架空历史年表设定。这一设定丰富了作品的细节，使这一末世科幻题材故事的来龙去脉变得合情合理。在这一点上，它超越了很多传统的僵尸电影。

更重要的是，它使得本系列得以按照年表，催生大量的前传、外传作品。如在《生化危机》初代故事发生前一个月的《生化危机 0》，以及梳理系列整个历史时间线的《生化危机编年史》（*Resident Evil*: *The Umbrella Chronicles*）等。

主要讲述各国刺客故事的动作冒险巨作《刺客信条》（*Assassin's Creed*）系列，也拥有非常详尽的架空历史，其历史线开端甚至可追溯至史前时代（图 4.2.22）。其历史设定主要是经过《刺客信条》设计师重新编排之后的真实历史，重点突出了与刺客相关的各种历史事件，并加以一定的虚构和渲染。通过这样的编排，设计师成功构建了一个社会发展和历史变迁是由刺客组织在暗中推动的假想世界，从而使得游戏中的种种故事有着极高的可信度。

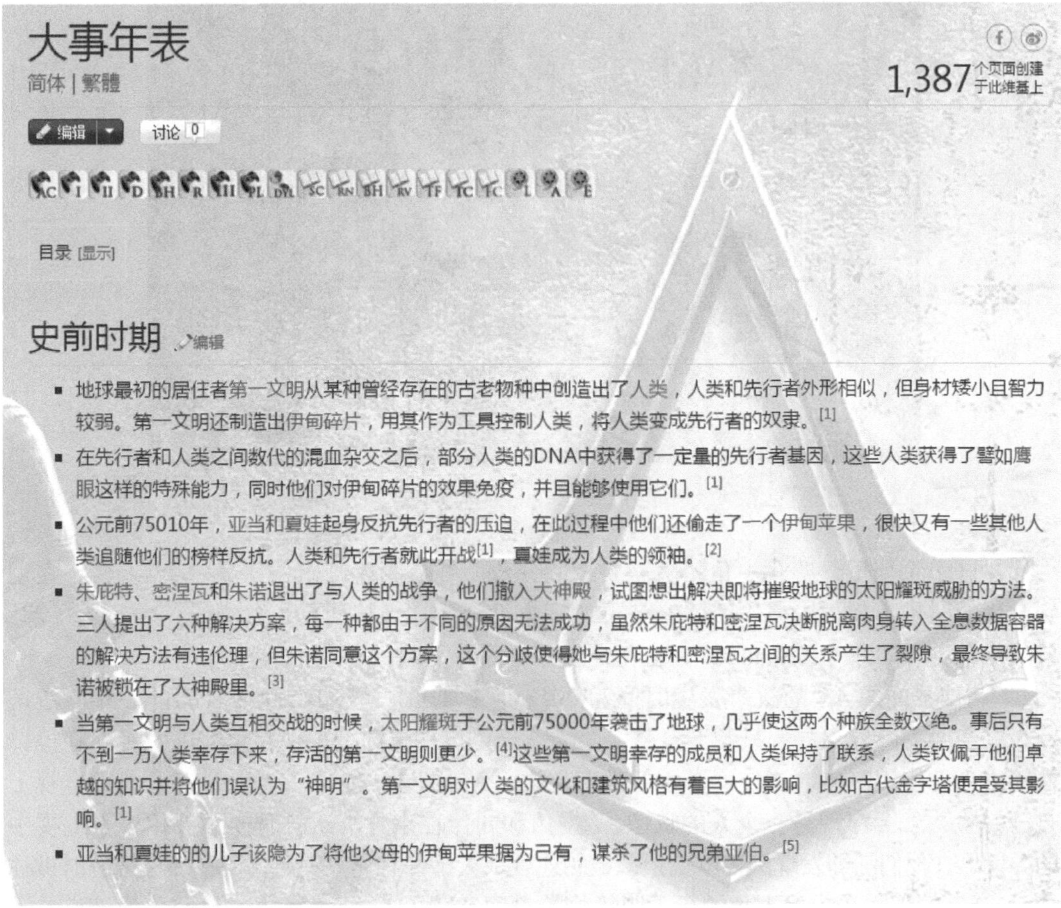
大事年表

简体 | 繁體

1,387 个页面创建于此维基上

编辑　讨论 0

目录 [显示]

史前时期 编辑

- 地球最初的居住者第一文明从某种曾经存在的古老物种中创造出了人类，人类和先行者外形相似，但身材矮小且智力较弱。第一文明还制造出伊甸碎片，用其作为工具控制人类，将人类变成先行者的奴隶。[1]
- 在先行者和人类之间数代的混血杂交之后，部分人类的DNA中获得了一定量的先行者基因，这些人类获得了譬如鹰眼这样的特殊能力，同时他们对伊甸碎片的效果免疫，并且能够使用它们。[1]
- 公元前75010年，亚当和夏娃起身反抗先行者的压迫，在此过程中他们还偷走了一个伊甸苹果，很快又有一些其他人类追随他们的榜样反抗。人类和先行者就此开战[1]，夏娃成为人类的领袖。[2]
- 朱庇特、密涅瓦和朱诺退出了与人类的战争，他们撤入大神殿，试图想出解决即将摧毁地球的太阳耀斑威胁的方法。三人提出了六种解决方案，每一种都由于不同的原因无法成功，虽然朱庇特和密涅瓦决断脱离肉身转入全息数据容器的解决方法有违伦理，但朱诺同意这个方案，这个分歧使得她与朱庇特和密涅瓦之间的关系产生了裂隙，最终导致朱诺被锁在了大神殿里。[3]
- 当第一文明与人类互相交战的时候，太阳耀斑于公元前75000年袭击了地球，几乎使这两个种族全数灭绝。事后只有不到一万人类幸存下来，存活的第一文明则更少。[4]这些第一文明幸存的成员和人类保持了联系，人类钦佩于他们卓越的知识并将他们误认为"神明"。第一文明对人类的文化和建筑风格有着巨大的影响，比如古代金字塔便是受其影响。[1]
- 亚当和夏娃的的儿子该隐为了将他父母的伊甸苹果据为己有，谋杀了他的兄弟亚伯。[5]

图 4.2.22　《刺客信条》系列史前部分年表（局部）

来源：维基百科

虽然架空历史对整个游戏的品质，尤其是剧情的质量有较大的提升作用，但架空历史的存在不是必须的。它只在一些规模相对宏大、叙事方式相对复杂的游戏作品中能起到比较好的效果。如果是规模较小的作品，架空历史的设计就可以相对简单，甚至可以弃之不用。

2. 构建故事发生的时间线

架空历史是游戏世界观的背景，而故事发生的时间线又是架空历史的一部分，也是最重要的一部分。它伴随着玩家开始游戏而开始，伴随着游戏的进行向前推进，随着玩家游戏的结束而结束。

所以，这一部分的时间推移是需要着重设计的。故事发生的时间线的设计，最大的难点在于，**与游戏的整个过程紧密结合**。

《女神异闻录》（*Persona*）系列就是在这方面表现极佳的游戏作品。系列是描写普通平淡的高中校园生活中，出现神秘灵异事件的故事。游戏泾渭分明地分为两个部分——平日主角的日常校园生活和出现在特殊日期或夜晚的另一个世界（图 4.2.23）。

图 4.2.23　以双重世界与人格面具为核心的《女神异闻录》世界观（《女神异闻录 5》）

在这个系列里，游戏主角团队需要战胜并收服在心里隐藏着的"另一个自己"、在触到心底的时候出现的人格——"Persona（官方汉译为"人格面具"）"，并与 Persona 一起，与另一个世界的敌人"Shadow"，也就是人心中阴暗面的化身战斗。

《女神异闻录 4》的故事发生时间为 2011 年 4 月 11 日—2012 年 4 月间的一年。主角因为双亲要往海外出差，只剩下自己一个人，于是以一年为期限住在舅父的家里。在他转校后进入的小镇高中，流传着奇妙的都市传说："在雨夜的 12 点，看着没有开着的电视上自己的脸，就会浮现另一个人的映像。"主角和同伴在亲身尝试的时候，被拉进了电视中的异世界，他们随即发现深夜电视跟镇上的连续杀人事件有莫大关系，而在那里搜查时被称为 shadow 的怪物袭击。主角一行人跟怪物接触而觉醒了 Persona 能力，他们认为警察并不会相信这么离奇的事，便决定成立"特别搜查队"，独自解决这件连续杀人事件（图 4.2.24）。

《女神异闻录 4》的故事发生在一整年的时间中，又是日常校园生活与非日常的灵异事件相穿插的故事，那么，时间线的安排就显得尤为重要。

把主角的生活按部就班地分解到每一天，先安排常规的校园生活、课余时间生活，再在其中穿插另一个世界的特殊事件，就是一种比较好的做法（图 4.2.25）。

图 4.2.24　《女神异闻录》系列的部分故事时间表（《女神异闻录 4》）①

---

① 图片来自 www.tgbus.com。

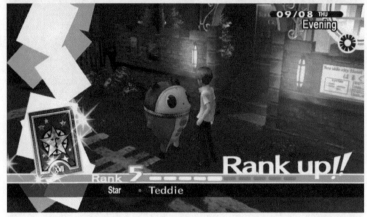

图 4.2.25 《女神异闻录》系列的日常生活与另一个世界（《女神异闻录4》）

　　《女神异闻录》的一天由清晨、上课前、上午、午休、下午、放学后（如为假日，白天为一整个时间段）、夜晚组成，并在一些特殊时刻会出现深夜时间段。

　　无论是日常生活还是另一个世界所发生的各种事件，在《女神异闻录4》中均有明确的发生时间，甚至可以精确到一天中具体的时间段（图 4.2.26）。

图 4.2.26 《女神异闻录》系列的日历展示（《女神异闻录4》）

在这里我们需要指出，所谓的"故事情节"，就是一个个由某种内在逻辑联系在一起的故事，是一组或几组经过挑选，并按照一定的时空次序和因果关系精心组合起来的事件[50]。

反观《女神异闻录》系列，它这样的设定，使得主角们在两个世界的生活，以最真实的方式统合在了一起，使得玩家在游玩的时候，非常明确地知道自己现在是以怎样的身份，在怎样的时间，经历着怎样的故事。这让玩家在《女神异闻录》的游戏体验，具有真实感和代入感，仿佛自己真的变成了主角，解决着一个又一个灵异故事。

通过故事时间线的安排，达成这样身临其境的效果，无疑是非常成功的。

思考题

在 3.4 节所写的游戏策划案的基础上，参考本单元所讲内容，从空间和时间两个维度，为你的游戏设计一个世界观，书写剧情梗概，并在此基础上试写策划案。

4.3　游戏角色塑造入门

角色（character）是文艺学中的重要概念，指的是文艺作品，尤其是叙事艺术作品中承载故事起承转合的主体形象。一个角色可以是人类，也可以是拟人化的其他生物（如小动物等）甚至无机物（如机器人等）。

在游戏中，作为玩家可以控制或与之发生交互的主体，角色是游戏的重要元素，也是最重要的内容载体之一（图 4.3.1）。玩家**对角色的操控和角色之间的交互**，是多类游戏的核心内容。

以现代游戏出色的表现力和运算能力基础，描绘宏大世界的游戏开始出现，在此类游戏作品中，游戏的形态已由**"全盘控制"的传统形态向"角色控制"的全新形态**发生转变——玩家们不再以上帝视角注视着棋盘一样的游戏世界，而是扮演着游戏世界中的一个普通角色，去进行自己的故事。这样的游戏世界，是由世界观与剧情构造的，

图 4.3.1　国际象棋是最早融入角色控制与交互的游戏之一，图为将死（checkmate）

但却是由游戏角色来直接呈现给玩家的。此时，游戏角色是游戏中的核心元素，玩家的游戏水平提升要反映在对玩家角色的训练和培养上，而玩家对游戏世界的探索，也要通过控制玩家角色来进行——而所有的这些，又都需要通过与其他角色[①]的交互来实现——可以想见，一个游戏的全部剧情和主要的世界观内容，都集中投射在游戏角色之上。所以，在现代游戏中，世界观/剧情与角色的关系，是一种**共生关系**，二者必须互相依存，才能发挥自己的作用。

在清楚了游戏角色的概念，以及角色和世界观/剧情的作用发挥机制之后，再学习如何来初步设计游戏角色，使游戏角色与游戏内容、世界观设定协调一致，从而丰富游戏的

---

① 包括其他玩家控制的角色与非玩家角色（Non-Player Character）。

剧情表现力，达到更加出色的游戏体验效果。

4.3.1　角色设计思路一：以角色设计为先，再匹配世界观与剧情

我们所处的时代，是一个角色审美大于剧情审美的时代，虽然你未必认同这种潮流，但不可否认的是，认真塑造好玩家控制的角色，一定可以提升游戏作品的品质。

那么，如何从无到有设计游戏的具体角色呢？办法有很多，在文学领域，俄罗斯文豪列夫·托尔斯泰构思《安娜·卡列尼娜》的过程，就是具有代表性的一种。

1870 年，托尔斯泰试图书写一个出身上层社会的贵族妇女安娜·卡列尼娜，她集美丽端庄、高贵典雅、聪慧善良、自然真诚诸多品质于一身，又富有自我解放的激情，有着深刻丰富的精神世界，她因婚姻外的感情重获新生，又无法避免地走向破灭深渊的结局。

图 4.3.2　围绕着既定的女主角形象展开剧情的《安娜·卡列尼娜》

构思好这个丰满的人物之后，托尔斯泰才开始动笔，将安娜置身于 19 世纪 70 年代俄国社会经历大变革的动荡时期，演绎出了一整个扣人心弦的故事——历经七年时间，修改了无数书名，最终干脆以主角的名字为题，完成了《安娜·卡列尼娜》，它也成为世界文学史上的巨著（图 4.3.2）。

像上面那样以角色设计为先，再构建世界观，书写整个剧情的做法，在文学作品的创作中相当常见，它有利于确保角色在故事中的真实性、生动性，使故事与角色统一。如果要以角色为主体，写一个生动的故事，再围绕故事展开游戏，这样自然是比较好的做法。《最后生还者》（*The Last of Us*）就是一部采取了这样的设计思路的优秀作品（图 4.3.3）。

图 4.3.3　描写极端环境下人与人之间的羁绊与温情的末日题材冒险游戏《最后生还者》

但是，这一设计方法更重要的意义是，可以直接让角色呼应游戏的核心规则与玩法，从而最大程度地保证玩家控制的游戏角色，在游戏过程中拥有最佳的游戏体验，这一点，比剧情更加重要（图 4.3.4）。

图 4.3.4　格斗游戏中，先设计武术流派再设计完整角色，最后匹配世界观的做法是通行标准

在格斗游戏中，玩家通常能够控制使用不同武功或不同武器的角色进行战斗，比如《街头霸王 2》中使用中国拳法的春丽和《灵魂能力》（Soul Calibur）中使用双节棍的马克西等。在这样的游戏作品中，设计师是首先确定角色类型需求，再进行完整的角色设计，最后再搭配相关的背景故事的。

再举一个有代表性的生动例子。在 2017 年 2 月的游戏市场中，《荣誉战魂》（For Honor）是一颗闪亮的明星，而在多人在线动作游戏领域，它也是具有代表性的作品。它描写了使用战斧的维京武士、使用英式长剑的骑士、使用日本刀的日本武士的战争（图 4.3.5）。

图 4.3.5　以三种使用不同武器的角色为核心和设计优先的《荣誉战魂》

在这部游戏中，控制三个使用不同武器的角色去参加多人战斗这一点，是绝对的核心——而为了达到完美的游戏体验，三个角色的形象、武器都经过精心的设计。他们的每

一个劈砍、突刺、格挡的动作，都经过了精益求精的动作刻画，风格各异却又高度平衡。在这部游戏中，角色的形象是无疑优先设计的，而那些强行把维京人、骑士和日本武士纳入同一时空的剧情，则更像是为了使角色形象丰满而强行安插的。

但游戏角色往往除了为展现剧情与内容服务，还可以成为玩家探索游戏世界的媒介和连接玩家与游戏世界之间的纽带。

下面将展示游戏世界之中的角色设计。

4.3.2　角色设计思路二：在特定世界观与剧情要求下展开设计

在拥有宏大世界的游戏作品中，玩家往往是置身游戏世界之中来探索这个世界，创造自己的故事。绝大多数的 MMORPG 便属于此类，而在此类游戏中，角色与游戏内容之间又有着不一样的关系——角色形象应从属于世界观与剧情。

在这样的背景下，如何在既定世界观之下开展角色设计，尤其是玩家角色的设计工作，就变成了值得研究的课题。

我们认为，在宏大的游戏世界中，玩家角色代表的是玩家自己，角色作为玩家的化身置身于游戏世界之中，才可以真正有探索世界、创造和体验属于自己的故事的切身感觉。这种"身临其境"的感觉，是需要通过角色设计带给玩家的。理解了这一层，就可以确立一个思路——在不违背游戏规则与世界观的前提下，可以弱化角色本身的个性与属性，把尽量多的决定权交给玩家。

在 MMORPG 中的角色定制系统，就是这种思路的集中体现。

以《天涯明月刀》的角色定制系统为例，玩家可以选择自己所控制的角色的性别和帮派，这二者决定了主角的基础形象；然后，玩家可以依据自己的喜好，微调角色的外貌细节——头发、脸型、肤色、服装甚至文身，以及为主角起一个自己喜欢的名字。在强大的技术保障下，这个角色定制系统，甚至可以保证玩家一定可以做出整个游戏世界独一无二的主角形象。在进入游戏后，MMORPG 的游戏规则和内容，也可以保证玩家以最想要的方式，培养自己的角色，进行独一无二的游戏体验。在战斗、世界探索这些方面，这样的定制角色是最适合的（图 4.3.6）。

但角色定制也有它的问题——功能强大的角色定制系统，往往需要强大的技术实力做支撑，开发难度比较大。并且它几乎只能决定角色的名字和外貌，而角色性格、成长背景、人际关系等正常角色应有的设定内容，并很难做到一起定制。这就使得经过角色定制系统定制的角色往往只是一副没有灵魂的空壳。这种角色形象薄弱的角色，在剧情展现上就往往是更加薄弱的。加上设计师为了不使角色越俎代庖，做出违背玩家意愿的行动，更必须使这些角色们在故事中出现的时候，是说着千篇一律的台词，观察其他人故事的旁观者——游玩过 MMORPG 的同学们或许都有体会，很多 MMORPG 作品都有感人的剧情，但这些剧情往往是以 NPC 为媒介展开的。NPC 是一系列拥有完善的性格，角色关系网设定的角色，他们是完全为了剧情的展现服务的。作为玩家，我们所控制的角色只是剧情中的旁观者，他们也许通过不断战斗，完成游戏 NPC 赋予的一个个任务，助 NPC 一臂之力，促进了剧情的发展，但结局却经常只是由 NPC 为你演绎的一场表演。这无疑也让玩家体验属于自己的故事的期待在不同程度上落空了（图 4.3.7）。

图 4.3.6　拥有功能强大的角色定制系统的《天涯明月刀》

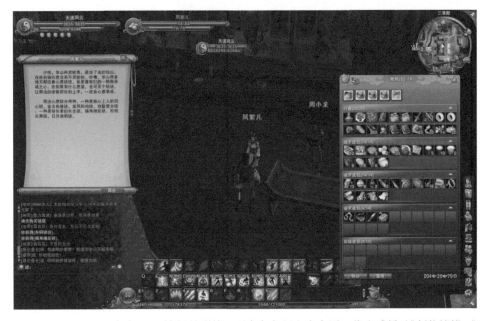

图 4.3.7　MMORPG 中由 NPC 演绎的剧情，玩家角色很少有台词，代入感低（《剑侠情缘 3》）

因此，如果想让玩家有更好的剧情体验，就请务必放弃本节这种思路，参照思路一，进行更加具体、完善的角色形象设计。

思考题

在 4.2 节所写的策划案的基础上，参考本单元所讲内容，为你的游戏设计角色，并试写角色故事。

（本章内容由陈泽伟主笔）

第5章

游戏的关卡设计入门

  经历了核心规则、剧情和世界观的学习之后，我们终于要进入游戏空间设计中最重要的环节——关卡设计了。

  在之前的章节中，我们已经学习了如何从宏观维度初步创造游戏的空间概念，但是只有宏观的把握，是远远不够的。

  游戏的关卡，是游戏核心环节运行的每一个具体的空间环节。在决定好游戏的宏观空间构成和设计规律之后，我们势必要为每一场、每一段游戏的进行设定具体的空间形态。

  游戏的关卡，也是决定游戏好玩与否的关键环节。在本章中，我们会展现大量的游戏关卡案例，将游戏关卡的特性和设计原则介绍给大家，并引导大家进入实际的游戏关卡设计环节，在之前设计的规则基础上，进一步完善你的游戏。

5.1 游戏关卡的性质

游戏关卡（level 或 stage），从广义上来说，是一种**对游戏进行过程的阶段性划分**。

所以关卡这一概念，首先是一个时间概念——在游戏进行过程中，玩家需要通过一个关卡，才能进入下一关。在某些以剧情为导向的游戏作品中，关卡的称呼往往是场（scene）、章（chapter）、节（episode），具有鲜明的时间属性。图 5.1.1 为《超级马里奥兄弟》的关卡示意。

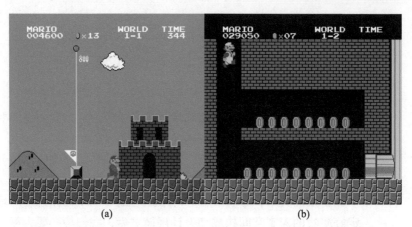

图 5.1.1 关卡是对游戏阶段的划分，玩家须通过 1-1 关卡才可以进入 1-2 关卡

但是，由于游戏规则同时具备时间与空间维度，游戏关卡便必然与纯叙事作品不同，它在时间属性之外，还具有空间属性。在游戏过程中，时间的推移是相对恒定的，那么游戏内容和过程上的变化，就势必通过空间来呈现。因此，关卡的空间属性，比它的时间属性更加重要。关卡在语言表述上，除了常见的关（stage）、级（level）外，还有区域（area）、区（zone）、世界（world），而这些全部是空间概念。由此看来，游戏关卡的空间属性是它的核心属性，而这也构成了关卡的狭义概念——**承载游戏运行的微观空间**。所谓的关卡设计，实际上就是微观的空间设计。

关卡存在的最重要意义是什么呢？我们认为，是**引导玩家发现和感受游戏的核心乐趣**。

一个优秀的关卡，可以与游戏的规则、玩法相得益彰，让它们的魅力得到充分体现。这方面的经典范例，就是图 5.1.2 中展现的《超级马里奥兄弟》的世界 1-1。在这个教科书般的经典关卡中，设计师使用了偏左的人物初始位置引导玩家向右侧移动；用近距离的敌人引导玩家进行跳跃闪避，进而发现跳跃 - 踩的攻击方式；用闪动的问号方块引诱玩家跳跃顶起，发现蘑菇等升级道具……在这个两三分钟的关卡里，《超级马里奥兄弟》规则的绝大部分内容以及游戏乐趣，都会尽情地展现给玩家。如果没有这样优秀的关卡，游戏的乐趣大概会大打折扣。

另外，由 3.4.4 节中所介绍的游戏设计规律——交互的平衡性可知，一个游戏的过程，应该由易到难、由浅入深，使得玩家得以在游戏中磨炼自己，发现乐趣——而这个过程，依赖玩法设计的调整过于困难，依赖数值设计的调整又过于枯燥简单，由关卡设计进行切入，进行由浅入深的难度调节，是最好的方式（图 5.1.3）。控制游戏内容的难易、深浅，也是关卡设计的重要意义之一。

图 5.1.2 经典的关卡设计范例——图 5.1.1 的展开图

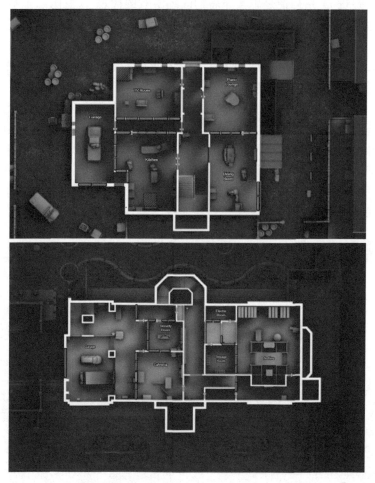

图 5.1.3 从易到难的 FPS 游戏关卡设计范例（《彩虹六号：围攻[①]》）

① 英文名为：Tom Clancy's Rainbow Six Siege。

5.2 构建游戏关卡的母体——重点区域

在第 4 章，我们通过《西游记》改编游戏了解了宏观空间设计，下面进入微观空间设计领域，学习如何设计游戏中的**重点区域**。

何为"重点区域"？我们认为，**重点区域，是承载了游戏的核心规则与主要内容的游戏空间**，换句话说，是**游戏关卡的母体和构成法则**。玩家要把大部分的游戏时间和注意力资源，用在这些地方。而游戏最重要的过程，也要在这些地方集中展示。作为设计师，这一部分，是我们设计的重中之重。

在这一单元，让我们把视线从《西游记》移到中国古代四大名著的另一部——《三国演义》，及其依据的正史《三国志》之上。《三国演义》与《三国志》的故事数百年来风靡中国乃至全世界，而电子游戏诞生多年以来，三国题材的游戏也是层出不穷。

《三国志（游戏）》系列便是忠实原著的改编游戏的代表。《三国志》系列作为深度历史策略游戏，力求精准地还原三国时代的整个中国大陆局势，游戏中所表现的所有地理环境、经济数据、社会发展状况、历史事件，甚至三国历史人物的能力数据以及各方势力的军事力量数据，都力求与《三国志》原著保持最大程度的一致。这样精益求精的世界观设定，使得《三国志》系列即成为经久不衰的经典游戏。

《三国志》系列成功的原因，便是对真实历史的高度模拟，大地图中的几十个城市，都是史书中出现过的三国城市，这些城市构成了游戏的核心。在图 5.2.1 中还可以看到，《三国志》系列的内政系统非常复杂，涉及农业开垦、城乡治安、商业发展、建筑建造、文化建设、人事管理等，再加上征兵、训练、武将培养等军事内容，覆盖了国家治理的方方面面。与真实世界的国家治理暗暗相合，本系列向来有"三分军事、七分内政"的说法，内政其实是整个游戏的核心。

图 5.2.1 《三国志》的城市内政界面（《三国志 13》）

从另一个角度讲，汇集了军事力量和生产力的城市，既然是国家统治的核心，也就必然是战争的主要发生地。既然战争和内政都要围绕城市展开，那城市就自然成为《三国志》的重点区域。

来看城市的内政界面。图 5.2.1 界面中，右侧信息栏汇集了城市的各项数据，而城市画面展示了内部建筑、外部城防情况、人口情况、治安情况等。玩家也可以利用城市内政界面的各项菜单用来扮演君主，指挥各武将执行各项对内、对外任务。这个精心构筑的城市内政界面，消耗了玩家大部分的游戏时间，而只有在这里做得足够好，收集了足够的各项资源，玩家才有机会出征，享受战争指挥的乐趣。

需要指出的是，当重点区域的构成形式设计好之后，在具体设计不同的城市场景时，便可以节约大量的工作，无须考虑规则、玩法层面的问题，几乎只需要进行美术工作和简单设计，便可以完成制作。

再来看《三国志》的城市攻防界面（图 5.2.2）。城市攻防战发生在城市边缘，主要是城墙和城墙外围一带，我们可以比较清晰地看到，这里的城墙场景与刚刚内政界面展示的城墙是高度相似的。当玩家使用内政中的相关选项，建设和升级了城墙之后，城墙就会变得更高、更厚、更坚固，在作战中，将给予防守方强有力的支持。小小一个城市，汇集了如此多的游戏内容，怎能不精心设计呢？同理，当城市攻防战的空间呈现方式确定之后，对于不同的城市关卡，只需要相对简单的空间和美术设计就可以完成。

图 5.2.2 《三国志》的城市攻防战（《三国志 13》）

在三国题材策略游戏的领域内，我国的《三国群英传》系列又是一个独具特色的代表作品。

《三国群英传》系列的核心玩法融合了宏观的战略指挥和微观的战术操作，既有《三国志》对游戏数据的精确还原，又有爽快刺激的快节奏战斗，尤其是战斗中的突出武将作用、让武将的战斗力左右胜负的设定，非常具有特色。高强度的武将对抗和华丽的"武将技"，颇有武侠风范，引人入胜（图 5.2.3）。

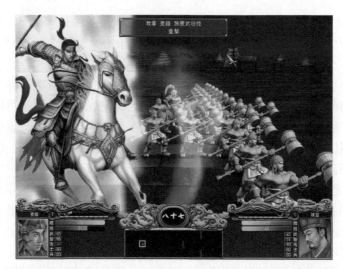

图 5.2.3 《三国群英传》的战场和武将技展示（《三国群英传 7》）

　　《三国群英传》虽然效仿了《三国志》系列的大地图，采取了与之相似的策略规则体系，但深入分析之后可以看到，《三国群英传》系列的内政、外交等系统都比较简单，而战斗玩法得到了强化，本质上是一个以游戏人物——武将的培养与应用（战斗）为核心的游戏。这样的核心规则，必然会**以战场为重点区域**，而且它的空间设计方式也必然会与《三国志》系列有很大不同。无论战争发生在城市中还是野外，其战场都是一大片旷野，双方的军队各从左右两侧登场，而骑着高头大马的武将处于核心位置（图 5.2.4）。

图 5.2.4 《三国群英传》的野外战场依然是一片旷野（《三国群英传 5》）

这样的空间设计，很明显就与《三国志》系列的拟真不同，具有鲜明的虚构色彩了。所以在进行游戏重点区域的空间设计时，也要牢记，使空间设计符合游戏玩法的需要。

在第 4 章结尾所写的游戏策划案的基础上，参考本单元所讲内容，总结游戏玩法中的重点区域，优化设计，进一步完善策划案。

5.3 构建游戏关卡

5.3.1 明确设计意图和设计目标

关卡设计的第一步，是根据游戏规则和当前设计意图进行关卡的任务和目标设计。

首先，是明确你的设计意图，是设计**新手关卡**还是**进阶关卡**，抑或是**挑战关卡**。

当明确意图之后，便可以进入概念设计。首先从新手关卡开始。

1. 新手关卡

在《愤怒的小鸟》关卡 1-1 中，游戏设计师的意图非常清晰（图 5.3.1）——**让玩家在关卡中了解游戏的基本规则和运作方式，了解如何操作游戏、操作带来的后果，以及游戏的胜利条件**。在这款游戏中，具体来说，就是让玩家了解如何滑动屏幕控制弹弓发射小鸟，以及小鸟发射之后对场景产生的连锁破坏效果，以及消灭小猪这一胜利条件。

图 5.3.1 新手关卡的典范——《愤怒的小鸟》关卡 1-1

设计师设计了一个非常夸张的细木条直立的积木造型，使游戏难度降至最低——由生活常识都可以知道，这样的积木结构非常不稳定，几乎是轻轻一碰就会倒下。并且在这个关卡里，如果小鸟命中小猪左侧的位置，只需要一次撞击，就可以摧毁整个积木结构，压垮小猪。但考虑到这个关卡是整个游戏的第一个关卡,设计师依旧给了玩家三只小鸟,这是为了让玩家有锻炼操作的机会(玩家很可能在第一次游玩时因为不能理解玩法和规则,做出大量无效操作),而不至于在失误时立刻游戏失败,导致强烈的挫折感。

在清晰展现游戏规则的前提下,将游戏难度降至最低——这种贴心的设计方式,是新手关卡的鲜明的特征,几乎在所有成功的游戏作品的新手关卡中都可以看到。

2. 进阶关卡

进阶关卡与新手不同,它的难度更高,**要求玩家通过对关卡的认真观察,思考出合理的解决方案,并应用熟练掌握的游戏技巧完成游戏**。在完成进阶关卡后,玩家应该能够获得一定的成就感和挑战的乐趣。

进阶关卡的设计难点在于平衡难度与游戏乐趣,不能让玩家轻易完成,也不能给予玩家太多的挫败感。在玩家的整个游戏过程中,此类关卡应当是他们体验频率最高、次数最多的关卡类型。

ARPG《塞尔达传说:荒野之息》(*The Legend of Zelda: Breath of the Wild*)的解谜关卡是进阶关卡非常经典的范例(图 5.3.2)。玩家在通过这些关卡时,必须综合利用角色手中掌握的各项能力,配合一定的操作技巧才可通过。而这部作品中特有的对物品重力、磁性、温度的控制,是其他作品中并不常见的维度,尤其是种种令玩家在关卡中应用这些能力的设计方式是非常有特色的。该作品是 2017 年游戏市场的最佳作品之一,更堪称游戏历史上的里程碑,我们在此强烈建议同学们去试玩体验。

图 5.3.2 进阶关卡:解谜能力、操作技巧缺一不可(《塞尔达传说:荒野之息》)

3. 挑战关卡

挑战关卡是**在不突破游戏规则的基础上,追求极限难度和挑战性**的关卡。挑战关卡不以追求游戏乐趣为优先,其核心目标在于令玩家展现经过磨炼的游戏能力。

挑战关卡的形态多种多样,根据游戏玩法不同,有超长关卡、限时关卡、迷宫关卡、强力 boss 关卡和陷阱关卡等类型。如图 5.3.3 的《索尼克 3》关卡,便是典型的超长迷宫关卡。

图 5.3.3　挑战关卡：必须依赖高超的游戏技巧和反复尝试才能通过（《刺猬索尼克 3》）[1]

5.3.2　2D 关卡空间类型与地形设计简述

在确定了设计意图之后，便可以进行下一步设计。

我们知道关卡设计的核心是空间设计，那么其空间要素是最重要的一环。

还记得第 3 章中，游戏规则中的空间设计这部分内容吗？本单元的内容便是游戏空间设计的进一步细化。在学习本单元时，希望能运用 3.3 节中所讲的基础知识，加深对关卡设计的了解。随后，我们将引领你建立自己的关卡架构。我们把 3.3.2 节中所讲的 2D 游戏空间中的关卡统称为 2D 关卡。首先来讲解 2D 关卡的设计。

1. 单屏关卡

提到 2D 关卡，首先必须提到棋盘关卡与"单屏关卡"。这两种关卡，都是在固定、无变化的 2D 空间中设计呈现的。3.3.2 节中讲的不同形式的跳棋、象棋棋盘，就是棋盘关卡的雏形。在进入电子游戏时代后，单屏空间内的游戏关卡变化，更是丰富多样。如任天堂的早期代表作《大金刚》《气球大战》（*Balloon Fight*），都是在单屏空间内做出由易到难的多种关卡设计的典范作品（图 5.3.4）。

在单屏关卡中，地形的变化简单，但依旧对游戏有很强的影响力。在图 5.3.4 的《气球大战》关卡中就可以看到，如果多加几个空中岛，玩家的角色移动便会受到更多的限制，被敌人触碰到的几率就更大。

单屏空间是 20 世纪 80 年代游戏制作技术局限的产物，在当代游戏中，它出现得越来越少了。虽然现在依然能在《天天爱消除》之类的三消休闲类游戏甚至《超级炸弹人 R》（*Super Bomberman R*）这类 2017 年的主流游戏作品中看到单屏玩法的踪影，但该类游戏关卡的地形变化较少，在此就不再赘述（图 5.3.5）。

---

[1]　关卡名：Icecap Zone，本关卡是该作品的倒数第二个关卡。

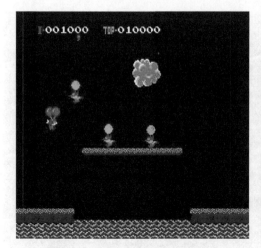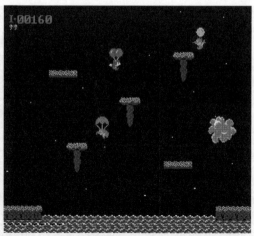

图 5.3.4　《气球大战》等早期 FC 游戏广泛应用的单屏关卡

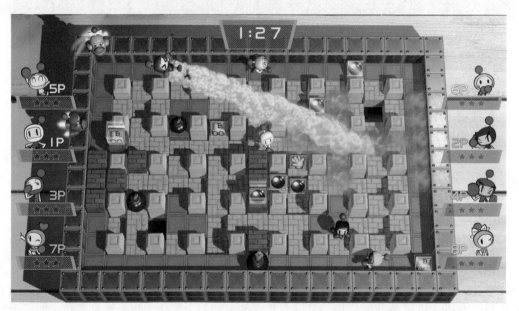

图 5.3.5　支持 8 人同屏对战的《超级炸弹人 R》依旧以单屏关卡为主，地形设计较简单

2. 卷轴关卡

很快，电子游戏便从单屏时代进入了卷轴时代，游戏关卡的构成也更加复杂了。在 3.3 节和 5.1 节中都展现了卷轴平台 ACT 的代表作——《超级马里奥兄弟系列》。

在本小节中，我们将以任天堂、KONAMI 等知名游戏公司的关卡设计为例，介绍卷轴关卡的构成方式和几种地形设计范例。

1）开阔型

这是卷轴关卡的基本地形，地形平坦，高度变化较少，重点是**没有天花板**，悬浮平台、阶梯、角色可以下落的坑洞元素也较少——这类关卡一般象征着开阔的大地和天空。在卷轴平台 ACT 的新手关卡，尤其是游戏的第一个关卡中，本类型的关卡几乎是标准配置。

如在图 5.3.6 的《星之卡比梦之泉物语 HD》（*Kirby's Adventure HD*）的第一个关卡中，

整个关卡的地形平缓，只有温和的坡度变化。就算不使用跳跃和充气飞行 ① 动作，也可以完成前两个屏幕的关卡移动，而关卡右端的小型障碍，玩家也可以用简单的跳跃动作或吸收动作 ② 通过。《超级马里奥兄弟》系列的第一个关卡，也全部属于此类。

图 5.3.6　《星之卡比梦之泉物语 HD》第一个关卡（局部）

另外，开阔式关卡也为大型敌人的出现提供了足够的空间，是 Boss 战关卡最常见的形式。《火枪英雄》Boss 战关卡便是一个具有代表性的范例（图 5.3.7）。

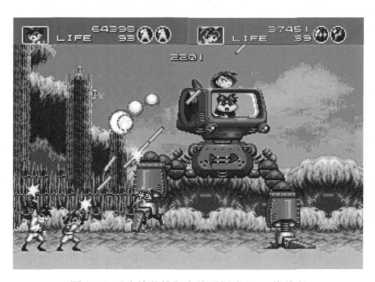

图 5.3.7　《火枪英雄》中的开阔式 Boss 战关卡

2）平台型

它的特点没有或很少有连续的地面，关卡由大量悬浮平台组成——平台之下的空间往往被默认为万丈深渊，如角色不慎跌落，就会结束游戏。平台型关卡早在单屏时代就有出现，如《大金刚》中，就有平台型关卡出现（图 5.3.8）。

---

　① 星之卡比系列的特有动作。卡比可通过吸气的方式把身体变大，在空中缓慢漂浮。
　② 星之卡比系列的特有动作。卡比可把一格大小的障碍物或敌人吸进身体，下一步可令其消失或吐出变为武器。如果吸收的是具有特殊能力的敌人，卡比还可获得它的能力。

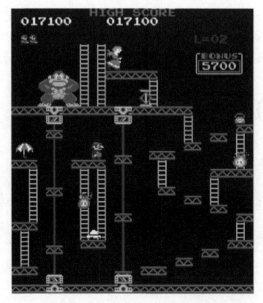

图 5.3.8 《大金刚》的平台型关卡——关卡底部虽有地面，跌落仍会导致角色死亡

进入卷轴时代后，平台型关卡的设计形态得到了广泛的应用。在卷轴平台关卡中，大量连续的平台考验着玩家的跳跃技巧，更有强制拖曳卷轴这样逼迫玩家进行快速跳跃，提高难度的方式。平台型关卡以其较高的游戏难度，成为进阶关卡的一个主要类型。

《超级马里奥兄弟》中每个世界的第三关，就全部是平台型关卡。在此后，平台型关卡更成为《超级马里奥兄弟》系列必不可少的关卡类型。因为，它可以逼迫玩家进行跳跃移动，迎合了本系列游戏的最重要的核心规则——跳跃。本系列游戏的跳跃关卡，设计得妙趣横生，也成为教科书般的经典关卡设计范例。

在图 5.3.9 中，第一个关卡来自 1985 年的《超级马里奥兄弟》初代，每组平台为两个，用线相连，角色站在任何一端都会使平台下坠，另一端的平台升起；第二个关卡来自 1988年的《超级马里奥兄弟 3》，平台会沿着黑线做上下方向的往复运动；第三个关卡来自 1990年的《超级马里奥世界》，该平台在移动过程中，必将经过无法躲避的陷阱，所以玩家必须提前识破，跳上固定平台，而不能跟随平台移动。三个关卡本身有趣好玩，突出"跳跃"的核心规则，并且在设计思路上，体现了鲜明的进化和发展过程，非常值得我们思考和借鉴。

3）纵向型

也就是**角色主移动方向是垂直方向**的关卡类型，一般搭配的是**纵向卷轴**。图 5.3.8 中介绍的《大金刚》中，绝大部分关卡都是此类关卡。进入卷轴时代后，宫本茂设计的名作《雪人兄弟》，又首开了纵向卷轴过关这一游戏规则的先河。在横向卷轴游戏中，纵向型关卡也经常被用作调剂元素，比如后来的《魂斗罗》《超级马里奥兄弟 2（美版）》等游戏，便均有纵向关卡（图 5.3.10）。此外，纵向型关卡还是卷轴飞行 STG 的主流类型，如《1942》《斑鸠》《雷霆战机》等作品中，几乎全部关卡都是纵向型关卡。

4）封闭型

封闭型关卡，其最大的特征就是"天花板"这一经典的设计元素。在封闭式关卡里，**卷轴滚动方向的画面边缘，设置有连续而封闭的平台式障碍**。封闭式关卡一般象征着幽暗、

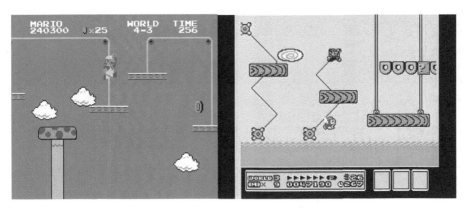

图 5.3.9　《超级马里奥兄弟》系列历代的平台型关卡

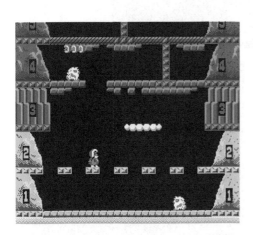 

图 5.3.10　《雪人兄弟》与《魂斗罗》(第三个关卡)

封闭的空间。例如,《超级马里奥兄弟》每一大关的第二小关 (图 5.1.1 (b)),就是非常典型的封闭式关卡。KONAMI 于 1989 年推出的《忍者神龟》(*Teenage Mutant Ninja Turtles*) 更是著名的大量应用封闭式关卡的经典范例 (图 5.3.11)。

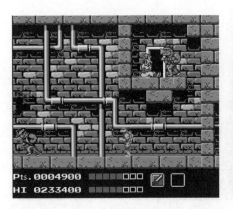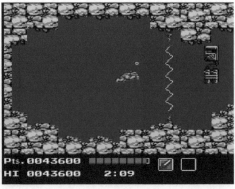

图 5.3.11　大量应用封闭式关卡的《忍者神龟》

在卷轴飞行 STG 中，封闭式关卡也是常见的关卡形态。比如 KONAMI 的名作《宇宙巡航机》(*Gradius*) 系列及其衍生作品《沙罗曼蛇》(*Salamander*)[①] 等作品中，便有大量的封闭式关卡（图 5.3.12）。《沙罗曼蛇》更是因为其横向纵向关卡穿插的特殊设计和令人印象深刻的巨大宇宙生物场景，成为一代名作。

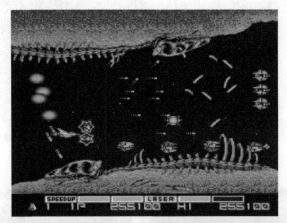

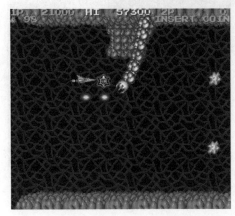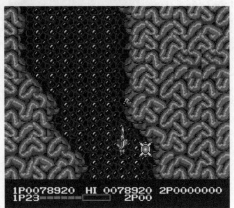

图 5.3.12　《宇宙巡航机》和《沙罗曼蛇》

---

① 在北美地区的英文名是 Lifeforce。

同学们在熟练掌握卷轴关卡的几种基本构成形态之后，可以加以混合，创造出更加有趣好玩的关卡形态。

WiiU 平台的《超级马里奥制造》（*Super Mario Maker*）是非常适合初学者学习关卡设计的关卡设计工具（图 5.3.13）。在这部作品中，玩家不仅可以制作、上传自己的《超级马里奥兄弟》系列游戏关卡，还可以游玩其他玩家制作的关卡，并予以评论、打分等。在此，我们建议对 2D 卷轴关卡设计感兴趣的同学使用这部作品进行关卡设计训练。

图 5.3.13　《超级马里奥制造》的关卡制作过程

3. 地图关卡

3.3 节中介绍了地图空间，这是一种由玩家的显示屏向四面延伸的游戏空间类型。与一般为侧视 / 顶视视角的卷轴空间不同，除《银河战士》（*Metroid*）、《恶魔城》等少数游戏作品外，地图空间一般都是**俯视和顶视视角的**。

这一特征，决定了地图关卡的设计要点是地图的制作和编辑。地图关卡的地形元素类型众多，很难一一介绍，但平原、高地、水域、大小型障碍物、资源（道具）等元素是绝大多数游戏关卡中都具有的。可以在游玩游戏的时候加以体会。

同学们可以借助 RTS 游戏（如《星际争霸》《魔兽争霸 3》）的地图编辑器进行地图关卡的设计（图 5.3.14）。在练习阶段，可以首先试着临摹官方经典地图，熟悉编辑器的功能和各种地形的绘制方式（可参见本节课后思考题）。

图 5.3.14 《星际争霸》的地图编辑器示例

熟练掌握之后，可以绘制自己的关卡草图，再试着一步步将草图变为真实地图。

开创 MOBA 规则的《DOTA》，就是从草图开始，在《魔兽争霸 3》地图编辑器中成型，经过逐步完善，才最终成为风靡世界的模样的（图 5.3.15，图 5.3.16）。

我们可以像以上两图展示的那样，用空间和路径草图首先明确自己的关卡设计概念，再叠加地形元素，制作概念图，最后再使用地图编辑器等工具制作成品地图。

在实际的游戏制作中，关卡设计师往往不需要掌握完全的关卡制作技术，也不需要制作最终的成品关卡。但他们需要将自己所设计的关卡信息，事无巨细地告知美术和程序人员，因此，详细的关卡概念图和图例、文字叙述是必不可少的。图 5.3.17 便是成熟的关卡概念图范例。

5.3.3　3D 关卡设计简述

相比起 2D 关卡设计，在 3D 游戏空间中所进行的关卡设计要困难许多，需要涉及更多的设计维度。我们不建议同学们在初学阶段进行完全的 3D 关卡设计，仅在此介绍 3D 关卡设计的一些注意事项。

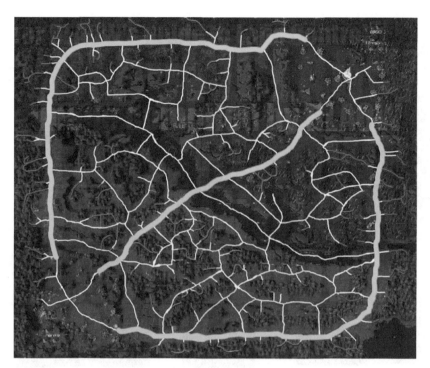

图 5.3.15　《魔兽争霸 3》的经典地图《DOTA》的路径草图

图 5.3.16　《DOTA》的某一版概念图

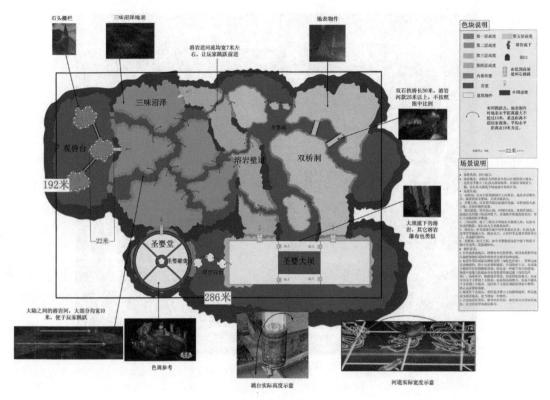

图 5.3.17　《斗战神》某关卡概念图

设计 3D 关卡的首要工序依旧是绘制地图，我们需要一份如同 5.3.2 节所讲的顶视地图。可以把自己希望出现在关卡中的各类地形元素尽可能地画在上面。

如果关卡没有高度变化，角色无须进行上升 / 下降性质的位移，那么这样一个地图就已经够用了（图 5.3.18）。然而，作为一个 3D 游戏，任何设计师都不会满足于此。在平面

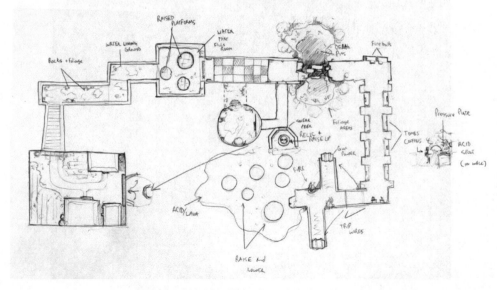

图 5.3.18　简单的 3D 关卡概念图示例，除台阶处外无明显高度变化

之外，玩家们也往往想要体验另一个维度的操作。如果要进行垂直移动，一个顶视图往往是不够用的。如图 5.3.19（a）那样的原型简单地图，其对应的有可能是图（b）那样复杂的螺旋塔状结构。

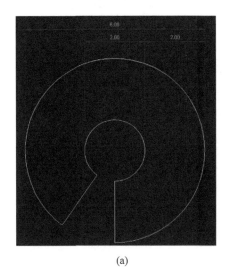 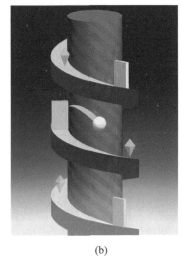

(a)   (b)

图 5.3.19　IOS 游戏《SPIRAL》顶视图和侧视图

因此，除了顶视图之外，我们还可以画出侧视图来展现自己的关卡设计意图。此外，有些关卡设计师还喜欢绘制 45° 的俯视图来代替侧视图和顶视图（图 5.3.20）。

图 5.3.21 展示了侧视图和分层地图的重要性。在图中描述的这种落差较大的特殊地形里，只有顶视图极易导致看图人的误解。

另外，还有些设计师喜欢使用工程制图的惯例——**三视图**来绘制关卡设计图。图 5.3.22 便是使用"主视图、俯视图、左视图"的规范绘制的三视图，除此之外，还展示了位于不同高度的分层地图。

综上所述，3D 关卡设计对设计师的空间规划能力和制图能力有着很高的要求，感兴趣、有特长的同学可在这一方面多多练习，也可使用 3DMAX 或 Unity3D 等 3D 制作软件构建成品关卡场景。

图 5.3.20　以 45° 俯视图绘制的关卡概念图

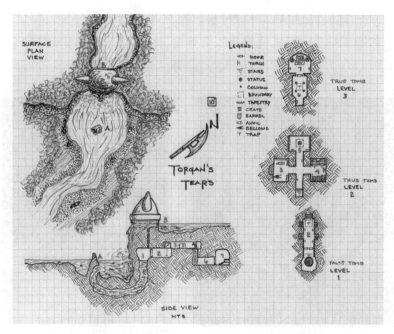

图 5.3.21　特殊地形（瀑布）的关卡设计图

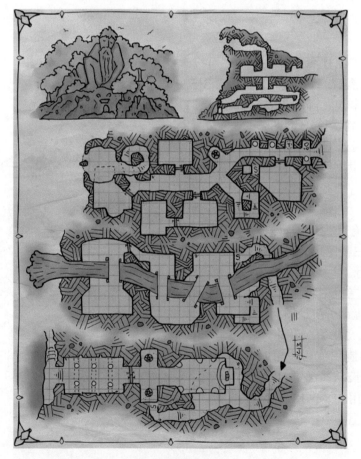

图 5.3.22　使用三视图法则绘制的关卡设计图

思考题

在 5.2 节所写的游戏策划案的基础上，参考本节所讲内容，试着为你的游戏构建两个游戏关卡。如条件允许，可以试着做出概念图或效果图。

5.4　为关卡设置附加元素

《说文》有云："'关'，以木横持门户也。"汉语中的"关"与"卡"二字，其诞生之初，就被赋予了"障碍"的意味。

在之前的关卡地形设计章节，已经看到了如何制造坑洞、移动平台等地形障碍。但障碍不仅需要通过设计地形加以实现，更重要的是如何布置地形之外的种种附加元素，包括**机关、敌方角色、谜题**等。如何设置这些附加元素，也是关卡设计的重点之一。

附加元素除了作为障碍出现之外，还可以作为帮助玩家的机关存在（图 5.4.1）。无论如何，它都是玩家游戏之旅中必不可少的一部分。

图 5.4.1　《RPG 制作大师》（*RPG Maker*）系列中的种种关卡附加元素

5.4.1　机关：关卡地形上的附着物

首先，将介绍机关。

机关是丰富游戏关卡内容、提升游戏乐趣的一种重要元素。机关的类型多种多样，但**它只是关卡地形上的附着物**，而不是可以拿取的"道具"或可以随意移动的"角色"。

在游戏中，机关可以为玩家提供有益的帮助，也可以给玩家造成不利的影响。我们可以粗略地将其分为"**有利机关**"和"**有害机关**"两类。但无论是帮助玩家，让玩家可以更顺畅地进行游戏，还是带来不利因素，提升游戏的难度，它们都应该是为提升游戏的乐趣而服务的。

让我们以《超级马里奥兄弟》系列中的机关为例，讲解游戏关卡中的机关。

图 5.4.2 中，第一个画面的机关是问号方块，也是为人熟知的马里奥经典元素，玩家控制角色以"跳跃—顶"的方式开启之后，可以开启问号方块，得到里面的道具，常见的有金币、变大蘑菇、生命蘑菇、火球花、无敌星星等。在后来的续作中，玩家还可以得到更多千奇百怪的道具。问号方块无疑是有利机关的最经典范例，也是游戏界最具代表性的文化符号之一。

图 5.4.2　《超级马里奥兄弟》系列 2D 关卡中的三种经典机关示例

第二个画面中的跳跃火球和火球串，是常见于马里奥系列城堡关卡的有害机关。跳跃火球会沿垂直方向反复上下运动，火球串会围绕固定的方块旋转，无论角色以任何方式触碰到，都会受到一次伤害。如果角色处于初始状态（即"小马里奥"），触碰火球会导致游戏结束。

　　第三个画面的加农炮也是马里奥系列中的著名有害机关。其会发射沿直线飞行的炮弹，触碰到将会造成伤害，但角色却可以通过踩踏的方式予以消灭。

　　这些有害机关妨碍了角色的正常通过，迫使玩家使用更加复杂的操作技巧躲避，显著提升了游戏难度（图 5.4.3）。但是，正是游戏关卡的难度提升，才使得玩家感受到了更多压力，在战胜压力的过程中，玩家才会感受到更多的游戏乐趣。

图 5.4.3　3D 化的马里奥系列经典机关（《超级马里奥兄弟 3D 世界》）

　　这些机关在马里奥系列的不断发展中，外观不断优化更新，承载了更多功能，甚至改头换面出现在其他类型的游戏中，但其灵魂却始终没有改变（图 5.4.4）。

图 5.4.4　《马里奥赛车 8 豪华版》中的问号方块，碰撞后可以取得道具

　　图 5.4.5 中的"导航站"也是经典的有利机关范例，它来自《银河战士》系列，具有恢复角色能量、弹药和提供游戏存档机会的功能。

图 5.4.5 《银河战士》系列中的导航站

相对而言，有害机关的样式更加多样，在此仅举一例。图是《恶魔城》系列中的钟摆机关，玩家必须控制角色在钟摆摆动到顶点附近的时候，使用滑铲动作通过，如果把握不好时机，就会受到极大伤害。

此外，某些游戏中还有着专门的谜题机关。谜题机关与设计精巧的关卡谜题相配合，赋予了玩家特别的游戏乐趣（图 5.4.6）。

形形色色的机关丰富了游戏关卡的可玩性，在设计关卡的时候，应多尝试布置不同的机关类型。

5.4.2 敌方角色：设计它们在关卡中的所在位置

关卡中除了地形、机关这些大多数情况下不能移动的元素之外，还有"活"的存在——角色。在大多数游戏作品中，友方角色和中立角色的数量和比重较小，所以本小节主要讲述关卡设计中的敌方角色。

在第 4 章的角色设计单元中谈到了角色本身的设计方式，而本节将告诉你该把敌方角色放在哪里。

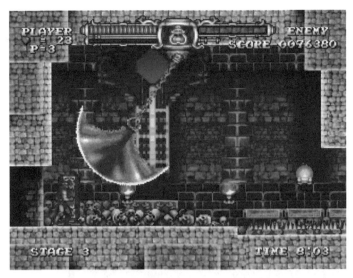

图 5.4.6　《恶魔城：冒险重生》（*Castlevania: The Adventure ReBirth*）中的钟摆机关

1. 密度均衡法则

在安排敌方角色的所在位置时，首先要着眼关卡全局，遵循**密度均衡法则**。在一个游戏的不同关卡中，敌人的密度应该是接近一致的；而一个常规的游戏关卡，从开头到结尾，敌人的密度应该也是相同的。一般来讲，无特殊需要，不应设计敌人非常密集令玩家难以应付的区域，以及敌人非常稀疏，以至于看不到敌人的区域。

以横版卷轴过关游戏为例，经典的新手 / 进阶关卡设计方式是，每个屏幕的空间中摆放 1~3 个敌人。《超级马里奥兄弟》系列就是遵循这一范例的经典例子。在《超级马里奥兄弟》1-1 关卡展开图（参见图 5.1.2）中，我们可以清楚地看到，敌人的密度是怎样被设定的。1-1 属于新手关卡，而即使是进阶关卡，任天堂也遵循了这样的设计原则（图 5.4.7）。

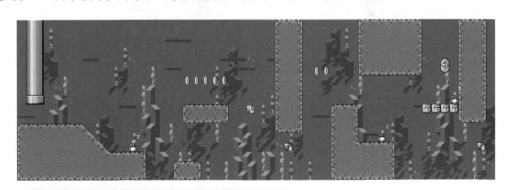

图 5.4.7　《超级马里奥世界》中的水下关卡

在图 5.4.7 这样难度较高的进阶关卡中，敌方角色的密度依旧不高，难度的提升是通过地形与敌人的配合来实现的。这就引出了敌方角色摆放的另一个法则，将再谈到。

如果是在地图关卡中，控制敌方角色的密度也是非常重要的。图 5.4.8 是《斗战神》中的副本示意图，可以看到，敌人在整个地图中的分布是比较均衡的。

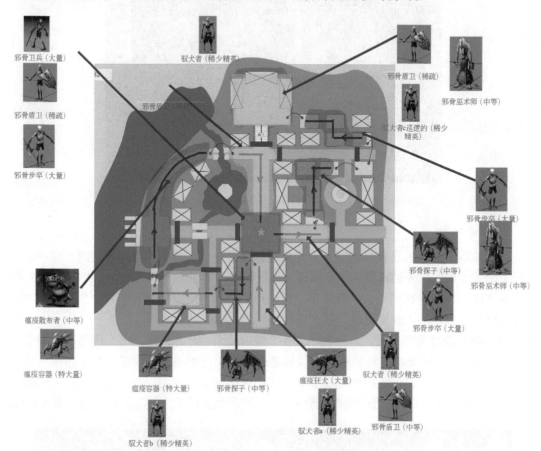

图 5.4.8 《斗战神》中"血之东都"关卡的怪物摆放设计图

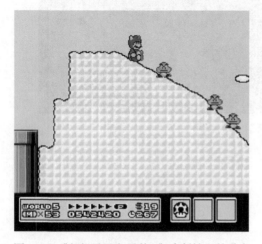

图 5.4.9 《超级马里奥兄弟 3》中斜坡上的敌人

2. 利用地形法则

在关卡中，我们时常需要配合关卡的地形摆放敌人的位置。比如图 5.4.9 的斜坡上，一下子放上了三个敌人，是为了让玩家采取利用惯性加速下滑的方式一口气消灭所有敌人，体会到冲刺和摧毁的爽快感。图 5.4.7 中所描写的水下关卡，只放了少数几个敌人就做到了提高关卡难度，也是因为在狭窄的必经之路上放置了极难躲避的敌人的缘故。

另外，在关卡的重要通道中，可以放置一些"时隐时现"的敌人，如图 5.4.10 中的食人花。

　　虽然我们可以利用地形和敌人的摆放提高关卡的难度，记得也要为玩家留出观察和预警的时间。让敌人突然在玩家面前出现，利用地形做出玩家很难躲避的攻击等，一般来讲都是在关卡设计中需要避免的。图 5.4.11 的《魔界村》系列，其关卡设计传统便是让大量敌人不断从玩家的身前身后出现，向玩家持续不断地攻击，借助地形之后，敌人的攻击会让玩家更加难以躲避。这样的设计方式，虽然为该系列获得了一些"死忠用户"，但也让大量玩家对高难度的该系列敬而远之，这对系列的长远发展是不利的。

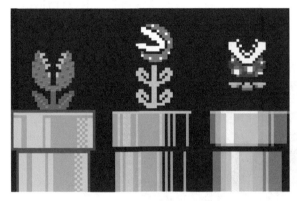 

图 5.4.10　马里奥系列中附着在水管地形上的　　　　图 5.4.11　《超魔界村》中总是近距离
　　　　　　经典敌方角色——食人花　　　　　　　　　　　　　　涌出的敌人

　　在这个问题上，马里奥系列的设计思路值得借鉴。图 5.4.12 是《超级马里奥 3D 世界》的某进阶关卡，其中的敌人会以滚木作为武器，向玩家投掷。可以看到左下角的斜坡，在延伸到敌人面前时，变成了一小段平缓的地面——这可以让滚木不至于在抛出后就迅速加速，使玩家难以躲避。这种降低难度的贴心设计，在马里奥系列的关卡设计中比比皆是。

图 5.4.12　《超级马里奥 3D 世界》滚木前的缓坡

　　是不是一味地降低关卡难度就好呢？这个问题将在下面讨论。

3. 难度渐进法则

　　在本章的开头我们已经谈到过，关卡设计的一大意义，就是引导玩家由易到难挑战游戏，磨炼游戏技巧，发现和感受游戏核心规则和玩法的乐趣。所以，在布置关卡中的敌人时，我们还需要遵循**难度渐进法则**。

那么,在敌方角色的布置上,当然也不能一味提高或降低难度,而应该循序渐进地安排。

依旧以马里奥系列为例,之前我们举了很多该系列新手关卡的例子,敌人的密度稀疏、移动缓慢、攻击力低。但是,本系列在 ACT 玩家看来,却也是个以高难度著称的游戏系列。

为什么会这样呢?这是因为,马里奥系列的玩家并不像索尼克系列一样需要时刻保持高速运转,或者像魔界村一样需要无时无刻应付大量的敌人——他需要的是平时保持舒缓的游戏节奏,在游戏偶尔提高难度的时候,及时做出合理的判断和精准的操作。

这一点,说起来容易,做起来很难。为了达到这一点,马里奥系列的关卡设计师在诸多方面进行了努力。这里介绍几个《超级马里奥 3D 世界》中,设计师借助敌人的摆放提高难度的瞬间。

图 5.4.13 的炮弹移动速度极快,它开始追赶玩家时,玩家们身前还恰好有大量障碍物,这个时候,必须保持高速移动和精准的跳跃,才有可能予以躲避。

图 5.4.13 《超级马里奥 3D 世界》在大批障碍前追赶玩家的巨型炮弹

图 5.4.14 的火球,又是在岩浆围绕着的平台上出现,玩家在躲避火球时,还要时刻防备着岩浆中喷出的火焰。

图 5.4.14 《超级马里奥 3D 世界》追赶玩家的火球

以上这些敌人的布置方式，都会显著提升玩家在经过这些关卡时的难度。但马里奥系列不会一直如此，它的大多数关卡，难度总是由轻松向困难提升，再经历一个短暂的放松过程，最后迎来关卡结束的。

马里奥系列的大关卡的结束，总是伴随着经典的 Boss 战，这也是值得借鉴的经典设计（图 5.4.15）。Boss 作为难度渐进这一过程的终结，以及游戏（至少是某个阶段的游戏）的结束，几乎是必不可少的元素。

所以，请一定记得给你的游戏认真设计一个 Boss 关卡。

图 5.4.15　《新超级马里奥兄弟 U》（*New Super Mario Bros. U*）的最终 Boss 战

5.4.3　谜题：关卡元素与事件的结合

谜题本质上是关卡中的一种触发事件，玩家与关卡中的各类机关互动，触发一系列条件后，达成通过关卡或者获得收益的效果。

谜题一般需要专门的谜题机关来实现。图 5.4.16 便是《生化危机 7》中设计师专门为了投影谜题设计的投影机关——玩家找到专用的投影道具后，调整道具在投影仪前的影子角度，使影子与油画上的图案吻合，便可以解谜完成。

好的谜题在给玩家带来挑战的同时，也会为玩家带来充分的游戏乐趣；而差的谜题却往往会让玩家觉得冗余、烦躁甚至是痛苦。那么，我们该如何设计一个好的谜题呢？

谜题的设计方式，随着游戏类型、题材、关卡内容的不同而不尽相同，但可以使用**倒推谜题流程**的方式来找到思路。

首先是确定谜题在关卡中的出现位置，尤其是**结束位置**，玩家解决问题之后，是在关卡的什么位置，处于什么情况。明确了这一点，再为谜题设计一个**开始位置**，即玩家到达这里之后，通关过程将受到阻碍，并收到谜题提示的位置。在开始位置和结束位置之间，就是谜题发生的舞台——**谜题位置**。

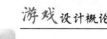

三大位置确定之后,谜题的设计难度就降低了一些。对谜题本身,可以依据"因地制宜"的原则,安排谜题机关和解谜方式。经典的谜题类型有**道具解锁**、**位置移动**、**机关操作**等。

1. 道具解锁型谜题

道具解锁型谜题是最常见的谜题类型,其广泛应用于各类 AVG、RPG 甚至 ACT、FPS 等游戏类型中。图 5.4.16 中的投影谜题也属于此类。

图 5.4.16 《生化危机 7》的投影谜题与配套的投影机关

最简单、最经典的道具解锁谜题,非钥匙谜题莫属了(图 5.4.17)。钥匙作为游戏中最常见的解谜道具,上锁的宝箱、上锁的门、上锁的交通工具等,都可以用钥匙这种简单明了的道具解开。因为和玩家的生活经验相符,这样的谜题几乎不需要任何学习成本就能让玩家清晰地把握。

图 5.4.17　《瓦里奥大陆》系列和《星之卡比》系列中的钥匙和宝箱

游戏中其他的道具解锁谜题，其实也可以简化为钥匙 - 宝箱的结构。

图 5.4.18 的场景是《女神异闻录 5》的金字塔殿堂，玩家只需要摆放解锁道具在图片左下方的容器中，就可开启前进的道路。

图 5.4.18　《女神异闻录 5》金字塔殿堂中的道具解锁谜题

类似的例子在各种游戏作品中都有很多，在这里就不一一举例了。

有时候，一个道具解锁谜题可以在游戏中持续很长的时间，玩家收集道具的过程会贯穿整个游戏，甚至会让玩家觉得这并不是一个谜题，而是游戏故事必不可少的一部分。比如下面这个经久不衰的设计——《仙剑奇侠传》系列中的五灵珠（图 5.4.19）。

在《仙剑奇侠传》系列中，五灵珠是女娲娘娘将水、火、雷、风、土五种巨大的自然力凝聚而成的五颗灵珠。在《仙剑奇侠传》和《仙剑奇侠传五》中，游戏后期的关键剧情需要收集五颗灵珠来触发，而前期、中期的数个迷宫关卡的游戏目的便是收集不同的灵珠。这样，大半个游戏都构成了一个巨大谜题的解谜过程。

总而言之，道具解锁类的谜题清晰、直观，设计起来也比较简单，是性价比非常高的谜题设计方案。

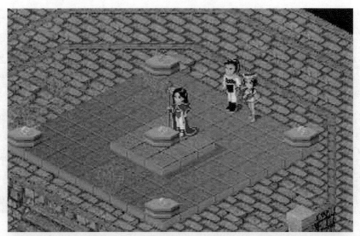

图 5.4.19　《仙剑奇侠传》系列中经典的解谜道具——五灵珠

2. 位置移动型谜题

位置移动型谜题也是经典的谜题类型。只要角色成功从谜题的开始位置（起点）移动到结束位置（终点），就可以成功解开谜题。最早的位置移动谜题形式非**迷宫**莫属（图 5.4.20）。

图 5.4.20　《塞尔达传说：荒野之息》中的迷宫地图

迷宫本身作为一种游戏类型，就有着悠久的历史，而在电子游戏中，也有着把走迷宫作为游戏核心玩法重要一环的游戏类型——Roguelike。Roguelike 因这套核心规则的始创游戏 *Rogue* 而得名。这套游戏规则的特点是有限位置移动、回合制运行、大量随机生成的迷宫和只可以读取一次的存档（图 5.4.21）。

图 5.4.21　Roguelike 游戏《精灵宝可梦不可思议的迷宫》系列中的迷宫

即使不是 Roguelike 这样彻底的迷宫 RPG，大量应用迷宫的游戏也依然比比皆是。但迷宫也有它的缺点——谜题必须依赖关卡地形设计。如果不能专门为游戏制作迷宫关卡，迷宫这一类谜题就无法存在。

近年来，某些高自由度的 AVG 创造出新的解决方案。

《刺客信条》系列是在宏大场景中进行的 AVG，玩家可以控制角色在游戏宏伟庞大的城镇中完成各种各样的任务，还可以做与游戏主线剧情无关的种种事情。这样的游戏环境，为位置移动谜题的设计，创造了大好条件。

图 5.4.22 展示的，就是《刺客信条：大革命》（Assassin's Creed：Unity）中一个有代表性的位置移动谜题。谜题的题目是一段暗示了某个位置、某种风景的文字，玩家需要找到可以眺望到这种风景的地方，只要达到这里，就解开了谜题。

3. 机关操作型谜题

最后将介绍的是**机关操作型**谜题。此类谜题是对关卡中的专用谜题机关进行操作，达到谜题要求的条件后，才可以完成解谜。

最简单的机关操作型谜题，非密码输入型莫属了。图 5.4.23 的界面，是《生化危机：代号维罗尼卡》中，触发"安全锁系统"机关之后显示的界面，只有输入了正确的 ID 卡号，才能解锁设备。这样的谜题与玩家在现实生活中的经验是一致的，风格简单直接。

以谜题设计见长的《神秘海域》中的机关操作型谜题则显得"高级"许多。

图 5.4.24 是《神秘海域 4》中的创始人谜题，玩家需要先观察海盗船长的油画，发现特征并记录在日记本上，再按照已经掌握的信息操作"创始人之轮"谜题机关，达成解谜条件、解锁谜题。

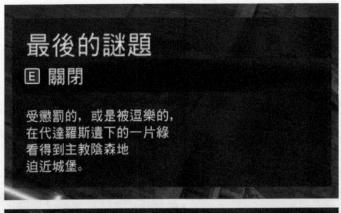

图 5.4.22 《刺客信条：大革命》中的位置移动谜题

图 5.4.23 《生化危机：代号维罗尼卡》中的密码输入型谜题

在手机游戏中，机关操作类谜题也是常见的谜题形态，著名的《纪念碑谷》（*Monument Valley*）系列中，就有不少这样的谜题。如图 5.4.25 展示的《纪念碑谷 2》中的谜题，玩家需要以触摸操作的方式旋转画面正中央的机关，用来铺设道路，使角色顺利通行。

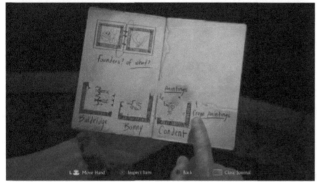

图 5.4.24　《神秘海域 4》中的"创始人之轮"谜题

图 5.4.25　《纪念碑谷 2》中的
机关操作型谜题

思考题

在 5.3 节所设计的游戏关卡的基础上，参考本节所讲内容，试着为你的游戏关卡设置机关、敌方角色和谜题，做出完善的关卡地图和附加元素设计方案。

（本章内容由陈泽伟主笔）

第6章

游戏的数值设计入门

著名科学家开尔文说:"当你可以度量你所说的内容,并且用数字表达出来时,你对你所说的有所了解;如果你不能用数字表达,则说明你在这方面的知识是不足的。无论你说的和什么相关,'不能量化地表述'也许是认知的开始,但目前你的思维还没有达到科学的高度。"为什么开尔文会这么说?开尔文勋爵是英国的数学物理学家,也是热力学之父。既然他是一位数学物理学家,也就是一个用数学方法来研究物理学的人,所以我们容易理解他为什么偏好定量分析。

游戏设计作为一个新兴的学科,虽然表面看上去和数字并没有什么关系。但由于游戏多样的玩法,其实现机制的复杂,需要模拟大量的现实中的行为和现象并将之呈现给玩家,同时,由于游戏的设计和进行并非同步进行,设计者们需要在设计之初就控制玩家将来在游戏中所可能进行的行为和过程,其深层次原理和计算机学、经济学,甚至物理学紧密相连。在这些学科中,数字和度量起到的作用就不言而喻了。

6.1 什么是游戏数值

6.1.1 定义

在游戏设计者，尤其是电子游戏设计者眼中，游戏规则（rule）和游戏机制（mechanic）是含义不同的两个词语。游戏规则通常指需要玩家知晓的、可被理解的说明；而机制通常是对玩家隐藏的。它们为了达成设计者的目的而存在，通常情况下也只有设计者们了解机制的具体内容（当然也不排除某些经验丰富的玩家能够推断出游戏的机制）。

以我们身处的世界举例，我们知道成熟的苹果会从树上往下掉（游戏规则），但直到牛顿发现万有引力之前，没有人了解这其中的机制。作为一个游戏设计者，游戏机制必须可以量化并足够清晰，以便程序员能够清晰准确地把它们转换成代码。

每个不同的领域都有其独特的思考方式，心理学家研究行为、自我和认知。数学家探索理论、向量和计算，**而游戏数值根本上就是从数学和量化的角度控制游戏的设计机制。**

6.1.2 游戏背后的数值设计

随着游戏行业的发展，游戏被划分为许多不同的种类。在不同的游戏类型中，数值设计所关注的方向也有所不同。一般来说，数值设计关系到以下几个方面的内容：角色养成、物理表现、策略选择、内部经济、多人平衡性。你不会在超级玛丽中看到经济学和关于玩家升级等方面的数值设计，也不会在一个传统的策略游戏中看到关于物理运算和碰撞相关的数值设计。表 6.1.1 中列举了几种常见的游戏类型和与之相关的比较重要的数值设计内容。

表 6.1.1 游戏类型与数值设计侧重点的关系

类型	角色养成	物理表现	策略选择	内部经济	多人平衡
动作游戏	角色操作性的成长，游戏难度提升	移动，跳跃，战斗的物理机制			网游和手游需要考虑：玩家间的竞争和合作关系
角色扮演	玩家属性成长			金钱，道具的设计和付费内容	
策略			选择性多样化与平衡性	资源的产出，消耗	
休闲解谜	精简的关卡设计，游戏难度提升				

图 6.1.1 是任天堂在 1985 年推出的《超级马里奥兄弟》，在一个普通玩家的眼里，这是一个画面在现在看起来有点简陋的横版过关游戏，主角是马里奥，面前有一个龟壳，天空悬浮着许多砖块。我们需要不停地向右移动直到终点的旗杆。

但是站在游戏数值的角度，马里奥现在并不是马里奥，它变成了一个 64×64 个像素

图 6.1.1 《超级马里奥兄弟》的碰撞框

的碰撞框[①]，这个碰撞框需要根据手柄输入的指令进行位移、跳跃等动作。它需要由初**始速度、加速度、重力、地面摩擦力**等一系列数值决定运动轨迹。它面前的龟壳也不再是龟壳，而变成了一个 64×64 像素的碰撞框。它被碰撞的时候根据一定的初速度向前位移，所有的一切都变成了可以被精确计算的"物理规律"。

图 6.1.2 是暴雪娱乐在 2015 年发布的《星际争霸 2：虚空之遗》。该游戏提供了一个游戏战场，供玩家之间进行对抗。这也是该游戏以及所有即时战略游戏的核心内容。在这个游戏战场中，玩家可以操纵任何一个种族，在特定的地图上采集资源、生产兵力，并摧毁对手的所有建筑取得胜利。

图 6.1.2 《星际争霸 2：虚空之遗》游戏画面

在这种类型的游戏中，设计师们往往更关注玩家的**资源获取和消耗、单位能力**以及多人之间的**平衡性**。

如果把《超级马里奥兄弟》和《星际争霸》这两个游戏放到桌面上，不借助任何电子设备，我们会发现游戏几乎是无法实现的，这也体现了数值设计的特点。**电子游戏往往借助强大的计算能力实现更加复杂的玩法，而游戏数值就是控制这些游戏机制的设计。**

---

① 物体在游戏中可被程序识别的"物理边界"。碰撞框和游戏物体的画面并不完全一致，只有当两个物体的碰撞框相接触的时候，两个物体才会被游戏判定为接触。

6.2　游戏数值包含的要素

6.2.1　变量

如前文所阐述，游戏中的数值需要足够清晰并可以被量化，以便程序员能够准确地将其转化为代码。因此和编程非常相似，我们需要了解的第一个概念就是**变量**。

首先，游戏数值中的变量比编程中的变量更为狭义，在这里特指一个可以储存数值的字段。其次，这个数字可以在游戏中实现某些功能。

在现实中，也有很多"人物属性"，例如一个人的面貌好坏、强壮与否等，虽然我们有"颜值""体格"等一系列形容词来描述这些"人物属性"，但如本章开头所说的，我们无法准确地用数字表达它们。因此我们也就无从比较、无从定义它们。但是在游戏中并非如此。电子游戏的本质是一种程序，任何参数都需要准确地描述，同时基于不同的玩法需要，这些属性需要可以度量、可以提高、可以相互比较，因此需要赋予这些抽象的"属性"一个数字。这就是变量的含义。

最常见的变量就是玩家的生命值（图 6.2.1）。这个数值反映了玩家角色的健康度。通常情况下，玩家的角色越强壮，生命值就会越多，玩家角色的耐打击程度就越高，游戏整体的容错度就越高。在所有整体游戏数值不变的情况下，更高的生命值会让游戏的难度下降。

图 6.2.1　游戏中生命值的两种表示方式

因此我们可以简单地认为生命值是一个数值变量。通过这个变量我们可以模拟现实中一个人物的强壮与否（实现功能），同时可以通过控制生命值的上限控制游戏的难度（可调节性）。

现代电子游戏中，为了满足多样的玩法需求，变量的种类非常庞大。假设我们基于生命值这个变量延伸开去，在相同的生命值下，敌人的攻击越强大，角色所能承受的时间越短。为了衡量"攻击强大"与否，设计师们创造了"攻击力"这个变量。与此同时，为了丰富游戏的玩法，可以给角色穿上盔甲。为了衡量盔甲的好坏，有了"护甲值"和"防御力"等。

甚至在一些非战斗玩法的游戏中，我们还会有一些看起来非常有趣的"变量"。例如在非常著名的策略类游戏《文明》系列中，玩家可以选择历史中的伟人作为国家领导人进行游戏。有着"圣雄"之称的印度著名政治家甘地，却一反现实中的形象，以一个战争狂的身份出现在游戏中，他发动核弹袭击的概率和次数要远超其他国家的领导人。这是为什么呢？这其实是因为所有游戏角色的行为都是由各种数值决定的，而在初代的《文明》游戏中，有一个"侵略指数"来定义领导人的战争倾向，而甘地的指数和他在历史中一样，作为一个和平主义者，他的侵略指数为最低的 1 点。

但是游戏中存在一个 bug，一旦当玩家在游戏中采用"民主政体"，侵略指数就会自动降低 2 点，而游戏并没有 −1 的设定，因此甘地在民主政体下的侵略指数会循环成最高的255 点，变成一个战争狂。而这一有趣的特点由于当年影响深远，被游戏的开发者以彩蛋的形式保存了下来。因此在《文明》的后续系列中，甘地的"核弹倾向"都被人为地设计为所有伟人中最高的。

图 6.2.2 记录了《文明 5》中各领袖的各项指标，所以，如果你在《文明 5》中被向往和平的甘地核攻击了，千万不要感到惊讶，因为他就是被设计成为一个"核弹狂魔"的。

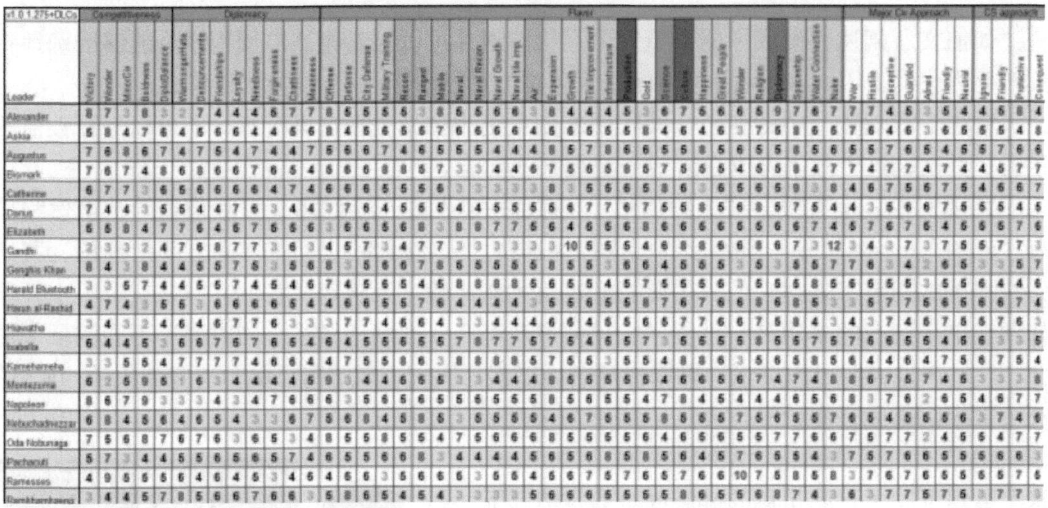

图 6.2.2 《文明 5》中各领袖的各项指数表

6.2.2 公式

公式因需求而存在。游戏中除了形形色色的变量来满足各种需求之外，这些变量的变化趋势也是一种重要的设计。

公式运算的目的，不是得出一个结果，而是得出一个能够**满足需求**的结果。公式能有意义，必须是在与公式相匹配的战斗逻辑以及战斗模型设定的环境下，因此，我们在讨论公式之前，必须了解这个公式所要解决的需求是什么。

战斗作为游戏中最为常见的系统，计算伤害值是作为常见的需求之一，其公式类型也是最多的。其中最简单的莫过于直接将攻击方的攻击力减去防御方的防御力，得出最终的伤害值（图 6.2.3）。《星际争霸》和《冒险岛》（maple story）中的伤害计算运用的就是这种公式。这样设计的优点是非常简单，玩家一目了然，没有学习成本，但是需要设计者对角色的攻击力（下文缩写为 ATK）和防御值（下文缩写为 DEF）取值范围做出严密的规划和设计。因为在这种计算方法下，任何时候，玩家的 ATK 和 DEF 都是等价的。在我们的游戏经验里，一般情况下高级玩家的攻击增长幅度会远远大于低级玩家的防御成长幅度，很容易造成极端的秒杀出现。另一个问题就是此公式在 DEF ≥ ATK 的时候，会产生 0 点甚至是负值的伤害，也进一步破坏了低属性玩家的游戏体验。

除了最为简单的加减法，利用反比例运算也是常见的一种游戏中的公式类型。

$$DMG = ATK \times \left(\frac{100}{100 + DET} \right)$$

如果把上一种公式形象描述为"抵消伤害"的话，那么这种公式可以形容为"折损伤害"。许多游戏中的护甲值便是采用这样的设计（图 6.2.4）。

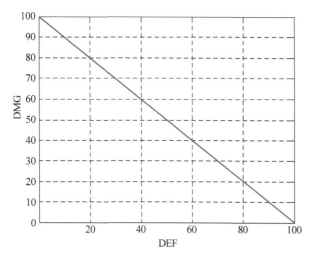

表 6.2.3 减法公式下防御值（DEF）与伤害值（DMG）之间的关系　　　　图 6.2.4 护甲值的表述示例

　　在这种情况下，伤害的降低是以百分比的形式呈现，同时防御力 DEF 并没有上下限和收益递减。这种公式比较适合攻击力与防御力范围比较宽的情况（图 6.2.5）。

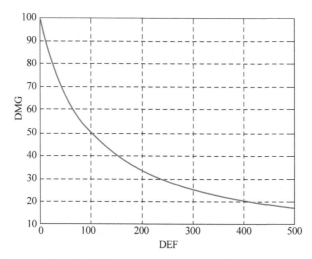

图 6.2.5 乘法公式下防御值（DEF）与伤害值（DMG）的关系

　　在这种公式下，虽然从图 6.2.5 来看，伤害的百分比是一个递减的曲线，但这并不意味着 DEF 的收益也是递减的。

　　很多人的误区在于：在游戏中 DEF 从 0 增加到 1，伤害减免从 0 提高到了 10%。但是当 DEF 从 90 提高到 100 时，伤害减免却只从 40% 提高到了 45%。当 DEF 值继续增大时，这种趋势更为明显，例如 DEF 从 10 000 提高到 100 000，伤害减免可能从 99% 提高到 99.9%。在这种情况下许多人产生了 DEF 收益递减的感觉。

　　在实际的游戏过程中，"伤害减免百分比"是一个毫无意义的属性。因为我们最终的设计目的并不是减少伤害，而是要增加玩家角色的抗打击性，因此所有的伤害减免都要换算成生命值的增加。而伤害减免由 99% 增至 99.9%，玩家的抗击打性实际上增加了 10 倍。因此在这种公式设计下，DEF 的收益依然是线性的。

那有没有非线性的设计呢？答案是有的。

$$伤害减免率 = 1-e^{-0.000\,127x}$$

如图 6.2.6 所示，这是一个《魔兽世界》中某个版本的韧性公式。韧性的提高会降低来自其他玩家的伤害（PVP）。为了区分韧性和护甲的作用，韧性的伤害减免采用了一个看上去非常奇怪的公式。图中红线是韧性的提高所带来的玩家有效生命值提高的曲线，蓝线则是护甲的提高所带来的玩家有效生命值提高的曲线。从前文的分析我们也可以看出，护甲值的收益是线性的。韧性的收益则在初期几乎与护甲值重叠，而到了某一个阈值之后，则表现出明显的递增趋势。

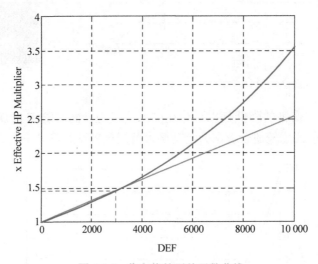

图 6.2.6　伤害值的两种函数曲线

这样设计的目的在于区分 PVP 玩家和 PVE 玩家。在《魔兽世界》的装备体系中，提供了两套发展路径供玩家选择，一套专注 PVP，一套专注 PVE。为了避免玩家穿着 PVE 装备去 PVP，韧性必须在超过一定的数值后明显好于护甲值，从而吸引玩家收集全套的带有韧性的装备。

除了利用一定的规则来计算结果之外，游戏中也常常使用一切"取巧"的手段来完成设计目的，例如非常著名的圆桌理论，就是在网络游戏《魔兽世界》中关于攻击判定和概率计算的一个理论。其来源于"一个圆桌的面积是固定的，如果几件物品已经占据了圆桌的所有面积时，其他物品将无法再被摆上圆桌"。

在《魔兽世界》中，"攻击"的结果由以下部分组成，并按照攻击结果的优先级的递减排列：先判定是否未命中，如果命中是否躲闪，如果未躲闪是否招架，如果未招架是否偏斜，如果未偏斜则是否格挡、是否被怪物碾压，最后才是普通攻击。

也就是说，每次近战攻击都可能会出现未命中、躲闪、招架、格挡、偏斜、暴击、碾压、普通攻击。由于存在优先级的问题，如果未命中，则躲闪、招架、格挡几率的和达到 100% 或更高。攻击的结果中不会出现普通攻击，连暴击和碾压也不会出现。

也就是说，如果优先级高的各部分和超过 100%，会把优先级低的各种结果挤出桌面。如果通过传统的数学上的算法去处理概率问题，那么每一种攻击结果发生的情况都要单独进行一次运算，一次攻击的结果可能要经过不下十次判定。

圆桌理论的好处在于降低了多种概率事件叠加时的计算复杂度，使所有的概率事件只需要进行一次判定。玩家可能利用这个规则，去创造一些稀奇古怪的职业玩法，例如曾经短暂出现过的盗贼主坦克，就是玩家充分挖掘并利用这一规则的产物。

6.2.3 公式设计的原则

1. 简单

经常有同学会认为，游戏中的数字种类繁多，算法和公式一定非常复杂。实际上现阶段游戏中使用的公式都相当简单，大部分都是四则运算。对于相对复杂的需求，常见的做法是分段设计，或者直接对变量和属性进行赋值，而不是去构建一个非常复杂的公式。这么做的原因主要有两点。

第一，一个游戏的数值设计往往不是由一个人完成，公式的简单可以保证更高的可读性，让别的设计者能清晰地了解公式的原理和意图，也方便玩家们理解游戏的设计目的而选择对应的玩法。第二，多数情况下游戏设计中并不需要完美的拟合曲线，玩家的行为和产生的后果是可穷举和可预估的。在这种情况下，选择一个模糊的公式或者分段函数所需要的工作量远远低于去寻找一个完美的公式一次性解决所有问题，并且前者在后期维护起来也更加容易。

2. 易于修改

没有公式是能保证不会出错，我们要做的是在它出错之后尽快调整。简单的公式体系无疑给修改减少了很多麻烦，而在公式内部预留一些调节的参数也很重要。例如游戏中通常会有一些临时的增减状态，需要在一定时间内按百分比增加或者降低所有的属性，那么一个最外层的系数在这里就有很大的作用。

3. 具备扩展性

游戏的设计会随着版本的推出而不断更新，数值设计也是如此，总会有新的需求不断产生。如果不想在每个版本都推翻之前的设计重做，预先留下一些可扩展性也是很有必要的。特别要注意一切带有百分比的属性，例如闪避、致命一击等设计。

例如在《英雄联盟》中，闪避曾经作为一个主要属性存在过一段时间，随后在版本更新中被取消。在《魔兽世界》中，致命率则被设计为一个直接以百分比形式存在的属性，比如某件装备 A 会存在增加 2% 致命率这样的属性，并且人物的致命率等于全身的装备提供的致命率之和。

抛开将概率直接叠加的做法不谈，以百分比的形式表达致命率，是一个典型的缺乏扩展性的设计。当等级上限为 60 级的时候，游戏中单件装备最多能提高 2% 的致命率，加上人物自身的属性和技能加成，最终一个潜行者有可能达到 70%~80% 的致命率，这没有任何问题。然而随着 70 级的开放，设计者发现自己无法继续设计出新的带有致命率的装备，因为继续提高属性会让致命率变为 100%，溢出的属性将毫无意义。因此他们一开始的做法是在新版本的装备中移除致命率这个棘手的属性。但即便如此，还是有不少执着于致命率的玩家在新版本中还穿着旧版本中的一整套装备。这种既伤害了装备多样性，又得罪玩家的做法遭到了不少玩家的批评。最终，致命率的计算公式被更改为致命等级。装备不再提供以百分比表示的致命率，而是一个致命等级，致命等级将基于玩家的角色等级计算为具体的概率。例如同样的致命等级,在 60 级和 70 级将提供不同的致命率百分比。这样一来,既解决了致命率的溢出问题,又削弱了低级的带有致命率装备的作用,极大地扩展了装备设计的空间。

6.2.4 游戏中的随机性和概率

在现实生活中,我们一般把不可预测的结果称为随机事件,而在游戏当中却并非如此。虽然不可预测性为游戏带来了许多乐趣,但身为一个设计者,我们还是希望整个游戏系统能在自己的控制之中,尤其是在网络游戏中,庞大的玩家基数决定了可能会出现非常小概率的随机事件。

下面探讨龙与地下城(dragon & dungeon)规则——经典游戏中的随机性。

D&D(龙与地下城)的核心是一套数学规则,也就是"世界运作的规律"——一个动作能否成功,动作效果如何判定,效果是必然还是随机,都由这套数学规则决定。

骰子是 D&D 最主要的部分,堪称"龙与地下城"游戏的标志性道具。人物所做的一切皆受到此规则的影响。

D&D 的数学架构是在七颗(六种)骰子所产生的随机数基础上建立的。其中最重要的一颗就是 20 面骰,用来进行大多数的"成功率检定"。每当玩家试图进行有一定几率失败的动作时,投一个骰子,把结果加上相关的调整值(这体现了可确知的能力、技术、环境及其他因素),与目标数值(也就是难度及各种不利因素等导致可能失败的几率)相比较。若最终结果等于或大于目标数值,动作就成功完成;反之,若结果小于目标数值,则动作失败。

这被称为"D20 系统"(D20system),就是以 D20 骰子为核心的规则系统。D20 系统还包括 D12、D10(两颗,一颗为 1~10,一颗为 00,10,20~90,两颗相加确定百分比)、D8、D6 和 D4,共 7 颗骰子,它们几乎可以计算整个 D&D 世界的所有事件。D20 系统的特点还包括基于等级的生命值系统,以及线性增长的人物能力等。

一个熟悉 D&D 系统的人几乎可以把所有的事情都往 D20 上套——譬如"推门进屋"这个简单动作:如果门卡住了,需要用一些力气才能成功,可以假定推门的难度是 5,普通人一次成功的机会很高,那大多数情况下可以直接推开,偶尔需要多试两下;如果门锁着,则可以假定撞开门的难度是 20,普通人也许要尝试很多次,甚至加上助跑,才能一脚端开它;如果是不锈钢防盗们,门锁非常结实,必须通过极其巧妙的技术才能开锁,那么难度就是 20 以上,只有受过专业训练的锁匠才能搞定——这就是一个典型的"D20 化"过程。

如今许多电子游戏的发展脱胎于龙与地下城规则,其中包括不少有趣的随机性设计:

在暴雪的游戏《魔兽争霸 3》(warcraft 3)中,作战单位的攻击力在游戏中被表示为一个范围值,例如 15~25、50~100 等(图 6.2.7)。如果测试各种攻击数字出现的概率,会发现大部分情况下,每一个攻击力出现的次数并不是相等的(也有少数相等的情况),大部分情况下,攻击力的分布满足正态分布线,也就是越靠近中间值的攻击力出现的次数越多(图 6.2.8)。

造成这种情况的原因也很简单,打开官方自带的地图编辑器,在单位攻击力的设置中可以看到并没有直接设置攻击力的上下限,取而代之的是两个参数,一个是骰子数,一个是骰子面数。

图 6.2.7　攻击力分布表述（《魔兽争霸3》）

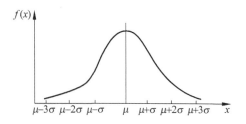

图 6.2.8　攻击力分布曲线

因此，15~25 的攻击力可以这样设置：

$$13 + 2D6$$

它代表投掷两个 6 面的骰子，然后把最终结果加上 13，最终得出的数字刚好落在 15~25 的区间。这几乎是直接沿用了龙与地下城的规则。结果出现正态分布也就不奇怪了，骰子数越多，靠近中间范围的数字概率就越高。

除了伤害值之外，**致命率（critical attack）**也是游戏中一个重要的属性。正如前文提到的，庞大的人数下，任何小概率事件都有可能发生。假设游戏中某个角色有 20% 的致命率，很有可能有某个玩家整局游戏中一次也没有触发。这种情况下，游戏体验就会受到影响。因此，游戏中的概率由另一套机制来控制。

以 20% 的致命率为例，很多人都会以为 20% 的致命率是每次攻击都会有 1/5 机会激发，但事实并非如此。魔兽争霸 3 引擎用了 PRD（Pseudo Random Distribution）来计算成长型概率，包括致命率、闪避等所有概率性技能，称为"伪随机"。在 20% 致命率的情况下，第一次攻击不是 20%，而是 5.57% 的致命率，第二次的攻击是 11.14%，直到第 17 次攻击就会是 100.26% 的概率保证性致命。致命攻击之后回到之前的 5.57%，形成平均 20% 几率的致命概率。

图 6.2.9 是 5% 致命率下每次攻击的触发概率。

伪随机能很好地改善极端情况下的游戏体验，因此被用于抽奖、战斗等游戏中的许多系统之中。

P(E)	C	Max N	P(Actual)
5%	0.00380	263	5%
10%	0.01475	67	10%
15%	0.03221	31	15%
20%	0.05570	17	20%
25%	0.08475	11	24.9%
30%	0.11895	8	29.1%
35%	0.14628	6	33.6%
40%	0.18128	5	37.8%
45%	0.21867	4	41.6%
50%	0.25701	3	45.7%
55%	0.29509	3	49.4%
60%	0.33324	3	53.0%
65%	0.38109	2	56.4%
70%	0.42448	2	60.1%
75%	0.46134	2	63.2%
80%	0.50276	1	66.7%
85%	0.57910	1	70.3%
90%	0.67068	1	75.0%
95%	0.77041	1	81.3%

图 6.2.9　5% 致命率下每次攻击的触发概率

6.3　数值设计的作用

前面阐述了数值设计的原理和一些包含的要素，纵观游戏行业的发展，游戏设计师的分工也在不断改变。数值设计工作早期是由系统策划来完成的，如今诞生了专门的数值策划这一岗位，数值设计在游戏设计中的重要性可见一斑。游戏最初作为一种娱乐的活动存在，就具有一定的规则性，而电子游戏相较于传统的游戏而言，又增加了商品的属性，其游戏进程和游戏目的都被设计者牢牢地控制着。本章将阐述数值设计在控制游戏中起到的作用。

6.3.1　实现功能

游戏的机制和规则是一个游戏是否好玩的核心。在传统意义的游戏中，机制和规则通常是被文字描述的一段话、一种方法，人们遵循这种方法来进行游戏。而在电子游戏中，由于一切都由计算机进行运算处理，所有的规则和玩法归根到底都是电脑中的一种功能（features）。对于每一种游戏类型，需要不同的数值设计来满足各种不同的功能。从最简单的扫雷游戏到复杂的 MMORPG（多人线上角色扮演类游戏），都不例外。游戏功能包含了许多要素，其中**玩法**和**状态**是最基本的也是需要首先设计的。

1. 功能一：游戏玩法实现

要设计一个非常简单的游戏，首先要思考游戏的玩法是什么。以微信飞机大战为例（编者注：2013 年 8 月伴随微信 5.0 上线，2014 年 11 月下线。无商业化设计内容），它是一款极简设计的模拟射击类游戏，玩家控制的飞机需要在屏幕上躲避敌机，同时发射子弹摧毁敌机（图 6.3.1）。身为一个设计者，我们需要考虑的第一个问题就是，游戏如何开始？如何结束？

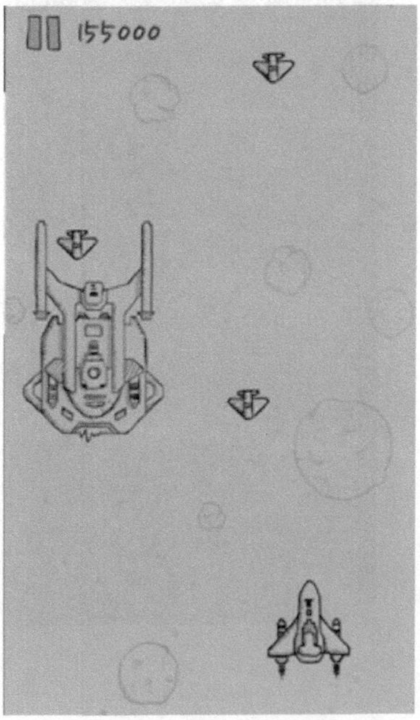

游戏开始设计起来比较简单，飞机从起点出发即可，但游戏结束呢？游戏是否有终点，如果有的话是否计算通关时间？是否有 boss？自机能承受几次攻击？这些都是游戏玩法需要考虑的内容。

在微信飞机大战中，游戏并没有终点，也没有关底 boss，更没有计时。游戏结束的方式只有一种，就是自机被击毁。这里先不考虑这么设计的目的，而是要思考如何去实现它。

自机能被击毁，意味着我们需要**一个耐久度（HitPoint）**来判断自机是否存活，归零则游戏结束。同时，由于游戏中敌机并不会发射子弹，能攻击到我们的只有来自敌机的撞击。按照现实中对于飞机的认知，相撞即坠毁，因此我们可以把耐久度和敌机撞击的攻击力都设为 1 点，即自机只能承受一次撞击。同时，由于撞击需要考虑飞机的**体积**，敌机和自机体积也是一个需要设计的变量。

图 6.3.1　微信飞机大战

为了避免敌机撞击我们，我们需要击落敌机，因此我们有了第二个功能——**攻击**。要实现这个功能，需要自机发射子弹的**攻击力**、**攻击频率**和敌机的**耐久度**这三个变量。

由于游戏没有终点，如果仅仅是这样设计，游戏可能永无止境地进行下去，因此需要第三个功能——调节游戏的**难度**，让它随着时间而增加，所以我们需要调节**敌机出现的数量**和**速度**。

单纯的打飞机或许有些无聊，为此添加了**道具系统**。道具可以改变自机的**攻击力**，并存在一定的**刷新间隔**和**效果持续时间**。

最后，这是第一个在微信上线的游戏，玩家有一定的社交需求，为了实现玩家排名和攀比的功能，需要统计**每一局的得分**。得分可以来源于击毁敌机数量或是存活时长。

于是我们看到，一个极其简单的飞行射击游戏背后，已经有了**耐久度、攻击力、攻击频率、敌机数量、频率、道具刷新间隔、持续时间和得分**等一系列的数值设计需要调节，其中还不包括**飞行速度、加速度、体积**等与物理相关的变量（图 6.3.1）。

在其他类型的游戏中，因为需要实现功能的不同，数值设计的方法也可能大不相同。

《心跳回忆》（ときめきメモリアル）是日本科乐美（Konami）公司出品的一系列恋爱游戏，首发于 1994 年 5 月 27 日。该游戏也是全球第一套全年龄取向的恋爱养成游戏系列，内容主要是描述一位中学生在毕业前与诸位女同学交往的游戏。

作为一个恋爱养成类的游戏，游戏当中并没有战斗的设定，所以传统游戏中的耐久度、攻击力、速度等属性也就不复存在，取而代之的是日常生活中各式各样的能力值：体力、文科、理科、艺术、运动、容貌和人缘等。这些属性的高低也决定了女性角色们对于主角的态度，投其所好、有目的的培养属性也就成了游戏的主要玩法（图 6.3.2）。

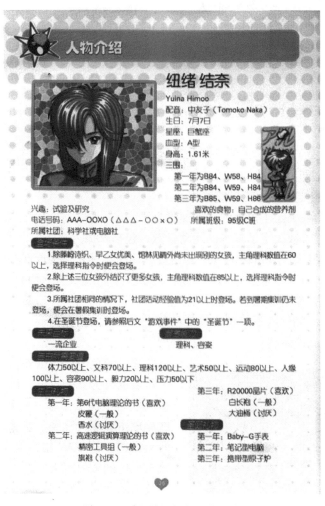

图 6.3.2 《心跳回忆》人物设定

2. 功能二：模拟物理

电子游戏的进步之一就是拥有非常强大的计算能力，我们可以在计算中模拟一些在桌面游戏中办不到的玩法，满足现代物理学的画面表现就是其中的一个方面。

现在的许多游戏中都能看到物理学的影子。这些游戏的特点就是以画面即时反馈为主要玩法，游戏乐趣主要集中在考验玩家的反应速度和操作能力上。

根据对现实中物理规则反馈程度的不同，我们需要的数值类型也不尽相同。

图 6.3.3 是某个格斗游戏中所出现的人物属性数值类型。

```
[Data]
life = 1000 \ 生命值
attack = 100 \ 攻击力，越大伤害越高
defence = 100 \ 防御力，越大越耐打
fall.defence_up = 50 \ 浮空或倒地时，防御力上升值
liedown.time = 30 \ 倒地时间
airjuggle = 9 \ 浮空计数器
\\决定空中最大受击次数
power=3000\ 能量值（默认是 3000，3 段气）

[Size]
ground.back = 20 \ 自主轴向後沿伸一段长度，敌人无法进入
ground.front = 18 \ 自主轴向前沿伸一段长度，敌人无法进入
air.back = 12 \ 在空中时，自主轴向後沿伸一段长度，敌人无法进入
air.front = 13 \ 在空中时，自主轴向前沿伸一段长度，敌人无法进入
\\决定碰撞体积
attack.dist = 160 \ 攻击动作效果距离
proj.attack.dist = 90 \ 投射物效果距离
```

```
[Velocity]
walk.fwd = 2.9 \ 往前走的速度
walk.back = -2.9 \ 往后走的速度
run.fwd = 5.6, 0\ 跑步速度
run.back = -4.5,-3.8 \ 后退速度
jump.neu = 0,-9.6 \ 直跳速度
jump.back = -2.55 \ 后跳速度
jump.fwd = 2.5 \ 前跳速度
runjump.back = -2.55,-9.6 \ 跑步中后跳跃的速度
runjump.fwd = 5,-9.6 \ 跑步中前跳跃的速度
airjump.neu = 0,-8.1 \ 空中直接跳跃速度
airjump.fwd = 2.5,-8.1 \ 空中前跳速度

[Movement]
airjump.num = 0 \ 可在空中跳的次数
airjump.height = 35 \ 跳跃高度
yaccel = .6 \ 重力加速度
stand.friction = .82 \ 站立的磨擦力，越小磨擦力越大
crouch.friction = .82 \ 蹲姿的磨擦力，越小磨擦力越大
```

图 6.3.3　某格斗游戏数值类型

其中的数值被分为四个大类型：**data（数据）**、**size（尺寸）**、**velocity（速度）**以及 **movement（运动）**。

这四个属性定义了一个角色的基本物理运动模式。

data 中的参数决定了游戏性相关的属性，包括攻击力、防御力、浮空次数和能量值。

size 中的参数决定了角色的碰撞体积。

velocity 中的参数决定了角色的运动速度。

movement 中的参数决定了基本的运动参数，包括摩擦力等。

仔细观察可以发现，现阶段游戏中的变量设计已经越来越接近现实中的物理规则，虽然还有一定的区别，但基本的运动模式已经与物理规则相差无几，例如重力加速度的存在、地表摩擦力的设置，都能看出这一点。在电子游戏发展的初期并不是这样，任天堂的早期游戏《大金刚》中，物体的下落速度是每秒若干个像素的匀速运动。这些发展，都要归功于电子计算能力的高速发展。

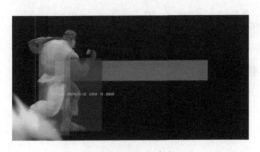

图 6.3.4　攻击事件

除了角色的属性以外，动作游戏中还有一个重要的行为就是攻击。这里的攻击不像前文提到的游戏那么简单，仅看**攻击力和防御力，或是攻击频率，已经不能满足模拟真实的动作游戏所需**。图 6.3.4 给出是某格斗游戏中一次攻击事件的数值定义。除了在图片中所能看到的攻击范围和一些判定区域的大小之外，游戏还额外定义了攻击事件的数十种属性，其中的

参数非常详细，从攻击力到角色受击后的反应，甚至特效的位置和持续时间，都可以通过参数来调节。通过调节这些属性可以塑造出非常多样的攻击手感。

在动作游戏中，比较常见的有以下属性：

伤害值；受击方的硬直时间；攻击方的硬直时间；攻击之后的画面停顿帧数；地面击中后给予受击方的水平冲量；地面击中后给予受击方的垂直冲量；地面击中后敌方在角落，自身的反作用力后退冲量。

和角色的属性类似，角色攻击行为的数值设计也极大地模拟了现实中的物理规律。角色的碰撞和推挤、击中时模拟阻力感的停顿等，都使用了单独的参数来定义。

3. 功能三：物理机制和策略玩法

为了精确地模拟物理机制，需要进行大量的运算，例如《超级马里奥兄弟》和《愤怒的小鸟》（图 6.3.5）。他们的玩法主要集中在移动、跳跃、投掷等物理动作上，而在桌面游戏中几乎无法实现这些玩法。如果放在现实世界中，它们更可能被改编成一个体育运动类的项目。而在游戏环境中我们除了可以轻松模拟这些物理机制之外，还具有其他好处：可以无视现实中的物理规则，加入更多有趣的、更具有可玩性的游戏要素，比如，某个道具可以让跳跃高度提高两倍；角色在空中可以变向，并使用二段跳。通过更改数值设计中的某些参数，就可以创造出无穷多的可能性和新的玩法。

图 6.3.5　《愤怒的小鸟》中的物理规则

基于物理规则的游戏让玩家可以预测游戏的走向，并制定复杂的操作策略，虽然这要求玩家具有一定的反应能力和精确操作能力，虽然比策略向的游戏更具难度，但熟练的玩家是可能做到的，而且很多玩家以此为乐。并且操作性和策略性并不冲突，一个既要求玩家操作，又具有一定策略的游戏，往往比纯粹考验玩家操作的游戏更有趣，也更受玩家欢迎。

6.3.2　数值与成长

前文介绍了数值设计与游戏玩法实现的关系。一款游戏光有优秀的玩法是不够的，作为一个成熟的商业化产品，游戏还需要具备可重复性来保证游戏的寿命。延长玩家游戏时长的一个常见做法，就是让玩家在游戏中不断成长。

1. 什么是成长？

让玩家在游戏中成长主要有两种方式。

第一种是不断锻炼玩家的技巧，让操作性和策略性主导游戏的进程。早期家用机游戏大多采用的是这种方法，如《魂斗罗》《超级马里奥兄弟》等闯关游戏，玩家必须经过不断地锻炼，提升自身的操作水平，才能获得完整的游戏体验。这种方式的好处是一旦达成目标，玩家可以获得巨大的成就感，同时技巧的提升也让重复的游戏过程更有乐趣。其缺点是对于不同的玩家群体而言，操作技巧是有差异的。对于反应速度快、操作精巧的玩家而言，一款游戏可能只需要很少的时间即可通关，而操作不是那么好的玩家可能永远都无法体验到游戏的全部内容。这也是为什么长时期以来，女性玩家一直被排斥在主机游戏"核心玩家"群体之外的原因。

另外一种方式就是现在常见的、利用数值参数来控制玩家逐步成长。它具备非常强的可调节性，而且与技巧操作并不冲突，它不影响高级玩家快速通关，也让普通玩家可以通过一定的时间累计达到相同的目的。这也是本节主要介绍的设计方法。

下面介绍角色成长模型。以前面介绍的飞机大战游戏为例，仔细分析一下它的游戏进程：

由于玩家的攻击频率是固定的，子弹的攻击力也是固定的，因此一定时间内，玩家能够击毁的敌机数量是有上限的。当敌机的出现频率不断提高后，最终一定存在一个时间点，画面中敌机被击落的速度会小于敌机出现的速度，最终敌人越来越多而导致游戏结束。假如你是一个忠实的飞行射击游戏玩家，那么你可能会不断练习这个游戏，利用熟练的技巧逐步接近这一系统设计的"死亡线"。一旦达到目标之后，可能再也不会打开这个游戏。对于不是飞机射击的爱好者来说，重复的尝试可能会让游戏很快就变得无趣。

如果我们在其中加入一点小小的角色成长要素。情况就会完全不同：

（1）玩家可以从击落敌机获得经验值。

（2）经验值可以提高玩家的飞机等级。

（3）升级可以选择增加自机的攻击力（更快地击落敌机）。

（4）升级可以选择增加自机的耐久度（更高的容错率，降低难度）。

（5）升级可以选择改变玩家的子弹轨迹（提高策略性）。

图 6.3.6　升级成长系统的核心逻辑

在这样的模式下，玩家需要合理搭配升级所获取的能力。敌机变成了游戏的一种资源（经验值）。玩家需要在操作飞机战斗时尽可能多地获取资源，并利用资源去提高飞机的能力。飞机的能力又对战斗起到了帮助作用。这种设计方式下，简单的飞行射击玩法也能具备重复游戏的乐趣，游戏的寿命和周期也得到了提高。这种战斗—获得资源—升级—战斗的闭环模式也应用在了绝大多数的网络游戏当中（图 6.3.6）。

这 3 个要素也和我们要着重阐述的需要数值设计的系统一一对应。

战斗体验—玩法实现、升级—角色成长、获得资源—经济体系设计。下面主要介绍角色成长之中的设计。

2. 成长规划

李逍遥在老家余杭镇安居乐业、岁月静好，为什么非要成为一代大侠？盖伦放着好好的将军不当，为什么天天蹲在草丛？站在商业游戏的角度，我们知道让角色升级可以延长游戏的周期，使可玩性提高；站在数值策划的角度，数值设计的要求是清晰、可量化。现在开始着手进行角色成长的设计，我们需要解决的问题不是要不要成长，而是成长什么，怎么成长，成长多少？

1）怎么成长？

相信本书的读者对于**经验值**这个词应该不会陌生。它最早生于什么地方已经不可考证，但在游戏中被发扬光大，如今在现实生活中也能经常看到它的影子。它代表了游戏中一种最常见的回报方式——当玩家做出了一些具有正面意义的事，比如击杀怪物、完成任务之后，就会获取经验值。当攒够了经验值，就可以去一个新的地方，杀新的怪物，完成新的任务。早期的游戏中，经验值是一种鼓励玩家进行游戏的手段。

当然，在现在的网络游戏中，获取经验值的方式千变万化、它反映的是玩家消耗的游戏时间。不管是做任务也好，杀怪也罢，甚至砍树、烹饪、打坐等，所有这些行为最终都消耗游戏时间。因此经验值是一个和游戏时间高度相关的变量。从《穿越火线》和《英雄联盟》中也能看出这一点，单局游戏的经验值获取和游戏时长有着较大的联系，和击杀数、死亡数关系很小。大多数情况下，经验值决定了角色的等级，等级限制了角色的装备、技能、属性和对应的游戏内容。

图 6.3.7 给出了《暗黑破坏神 3》升级需要的经验值曲线，1~50 级之前增加平缓，51~60 级所需的经验值突然提高。这种做法综合了激励玩家和控制游戏进度两种目的。1~50 级区间玩家可以快速提高属性，获得技能，探索游戏玩法乐趣。50~60 级期间则需要更长时间的投入，以便累积装备，迎接满级后的高难度设计。《热血传奇》中并没有满级的设定，但是 40 级以后升级所需的经验大幅提高：44 级到 45 级需要 8000 万经验值。46 级到 47 级需要 4.8 亿经验值。以当时的经验获取速度，这一级要不眠不休地杀 2 年的怪物。

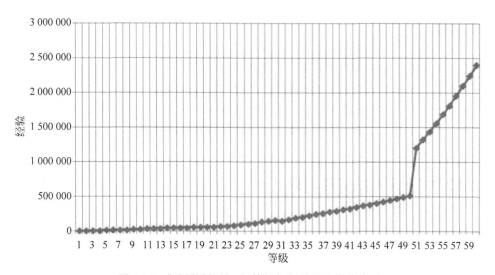

图 6.3.7　《暗黑破坏神 3》等级与所需经验值曲线图

可见，经验值其实是一个衡量玩家投入的变量，游戏中的角色成长和玩家的投入成正比。时长付费游戏中玩家投入游戏时间，道具付费游戏中玩家可以投入金钱达到相同的效果。对于经验值需要设计的是获取速度和节奏，以控制整个游戏的周期。

2）成长什么？

单纯的经验值和等级增长毫无意义。玩家在游戏中投入的时间和金钱，最终都要在游戏的玩法中得到体现。游戏的玩法是由许多不同的变量实现的，其中哪些可以变化，哪些不行，都需要仔细地考量。

以最简单的角色扮演《仙剑奇侠传》为例：主角李逍遥在冒险的过程中，提升了个人等级，穿上了更好的盔甲，学会了酷炫的招式，吃下了灵丹妙药，招募了绝色美女。所有这些事件在游戏设计师的眼里，都可归结为 3 件事。

（1）提升了攻击力，加快了打怪的效率；

（2）提升了防御力，降低了游戏的难度；

（3）增加了技能的选择，增加了游戏的策略性。

不论是装备、天赋、技能，还是属性，最后反映到游戏体验上无非就是这 3 个目的。所有的变量共同决定了玩家的游戏体验。对于可以满足这些目的的数值变量，都可以设计为角色的成长点。但如果一个变量的存在是为了实现游戏的某些功能，那么就不能随意改动，例如动作游戏中的定帧时间、重力加速度、FPS 游戏中的弹道轨迹和速度等。

还有另一种情况，就是当一个游戏同时存在多人合作和对战的时候，对于某些会对游戏玩法或其他玩家造成负面体验的参数也要慎重处理，典型的例子有致命一击、移动速度、闪避和硬直时间等。《英雄联盟》在曾经的版本中移除了闪避，并降低了移动速度增减效果的影响。《地下城与勇士》在玩家决斗的时候采用了一套完全不同的闪避和暴击算法，并且玩家的硬直时间效果也被统一。

综上所述，成长性在现在的游戏设计中已经是不可缺少的一个要素，不可否认这样的设计与现在的收费模式和较长的游戏周期更加吻合，但也降低了游戏的门槛和乐趣。

思考题

1. 有一个角色成长在游戏中应用的典型例子：

街机平台和主机平台上的闯关类游戏，几乎都不会浮现伤害数字，而成长性较强的网游中，攻击时产生的伤害数字几乎是标配。试着分析一下这么做的优劣之处。

2. 角色成长是否要线性？阶梯类型的成长曲线有什么优缺点？

6.4 数值设计与经济系统

游戏世界的虚拟经济总是成为设计师之间激烈讨论的主题。很多人认为游戏的经济系统是很容易设计的，因为从现实中的经济学原理中我们知道，只要具备**稀缺性和流通性**，经济系统就会自发地形成，游戏中也确实是这样，网络游戏《石器时代》刚上线的时候并没有设计交易功能，但玩家却自发地以物易物（图 6.4.1）。一个根本就不需要设计的系统会有什么难点呢？

事实恰恰相反，设计或调整虚拟经济都是困难的，并且非常困难。尤其是在多人参与的网络游戏中，因为起作用的变量太多了，微调任何一个都可能严重影响其他变量。

图 6.4.1 《石器时代》

先看看虚拟的经济系统和现实有什么区别。

6.4.1　货币和交易

在阅读这一节前首先思考一个问题：游戏中的钱，到底是什么？

1. 以物易物的原始时代

游戏世界不像真实世界，由政府和银行机构来确保货币的流通，在游戏世界中很可能不存在所谓的一般等价物，因为游戏中的钱本身更像是一种物品。大家可以回忆一下自己玩过的游戏，大部分游戏当中的钱并不能买到你想要的所有东西，也不能衡量一件物品的真正价值。也就是说，游戏中的钱并没有满足货币的基本作用——价值尺度和流通手段。在网络游戏中，没有货币意味着经济系统的发展会受到限制。比如，当 A 想从 B 处获得某物，他必须拿出一定的物品作为交换，并且双方要对交换的物品和数量达成共识，这样才是等价交换。物物交换系统不能很好地解决价值尺度问题。

李四做了一个很好的钢盔，张三正准备把他破旧的铜盔换掉，不幸的是张三手上没有任何令李四感兴趣的东西——李四想要一匹马，而张三没有马。张三可能有价值相当于一匹马的东西，但仍然不能完成交易，除非他把自己的东西换成一匹马后再来找李四换钢盔。假设张三的东西是一个珍贵的卷轴，而王五很乐意拿自己的马交换东西。有马的王五需要的是两只羊，而赵六有羊，但他想换灯；李七有灯，但他想要钢匕首；陈八有钢匕首，但他想要别的什么……在现实社会中，这种交易会变得非常复杂。

单纯的物物交换系统运作得并不好。但人是非常聪明的，所以单纯的物物交换经济很快就被实际上的货币经济取代了，因为人们希望优化市场交易活动。在人类历史上，从石块到动物，总有名义上的货币迅速出现解决物物交易的不便。在虚拟世界，通用形式的货币几乎总是一种具有普遍价值且具有一定稀缺性的东西，例如《奇迹 MU》里的祝福宝石。

这种事实上的货币本身除了自己作为原材料的价值，没有其他任何特殊价值支撑它成为通用货币。在现实世界中，这并不是特别有效的经济系统，但在游戏世界，它却是一种稳定的系统。如果没有这种物品，那么这个游戏的经济就仍然是一个物物交换系统。

2. 标准化货币

随着游戏的发展，玩家希望游戏中出现标准的货币。玩家希望理解物品的相对价值，希望能进行更快捷便利的交易，这是一个使游戏的经济系统更加高效的需求。他们不想计算能用多少猪肉才能换到一把斧子。

但实际上，人为地设计一个标准货币并没有想象中的那么轻松。

设计师必须让玩家了解这些货币能用来购买什么。如果游戏中最常见的金币不能转化成实际的物品，那么它们的价值就不会太大。标准化货币必须具有真正的价值。常见的做法是通过NPC将玩家手中的金币转化为稀有道具和服务，同时这些道具和服务还必须是所有玩家都有用的长期需求，否则它的流通就存在困难。其次，货币的数量需要控制，必须通过产出和消耗的设计让货币达到平衡，否则很容易引起贬值和通货膨胀。要同时做到这几点非常困难，《魔兽世界》曾经做出了尝试，玩家在游戏中使用金币来支付修理费和竞标系统随机刷出的绝版物品，还引入了虚拟货币和真实货币的兑换通道来巩固金币的标准化货币地位，但最终，设计师还是没能很好地解决通货膨胀问题。

基本上，标准化货币是可行的，但货币的产出和消耗控制非常复杂。现实中我们有银行，可惜游戏中并没有。我们不能像银行一样发行和回收货币，设计师们只能通过怪物掉落和系统NPC们做同样的事情。怪物的钱掉多了，会发生通货膨胀；掉少了，货币有被垄断的风险。

3. 通货膨胀和绑定货币

什么是通货膨胀？简单地说就是"货币太多，物品太少"。造成通货膨胀的原因有很多，但大部分是由于过量产生的货币进入市场造成的。不合理的设计和外挂泛滥都会导致通货膨胀，使玩家手中的货币越来越不值钱。极端情况下，最终游戏交易会回到以物易物的方式上。因此，许多游戏创造了绑定货币这一设计，玩家可以用这些绑定货币向NPC购买物品，但是这些货币无法在市场上流通。降低了货币的总量，减低了通货膨胀发生的概率。

游戏中的交易和货币并不算是复杂的设计。大多数情况下，只要满足了物品能够流通这一条件，玩家就能够自发交易。但是这个系统本身是非常脆弱的，容易被人所利用，如垄断、骗子、外挂等。创造一个稳定的货币和交易环境，有利于满足玩家之间的社交需求，也可以让游戏创造出更多的职业分工玩法。

4. 交易方式

假如我们想创造一个足够大的游戏世界，容纳非常多的游戏玩法，那玩家之间必然会出现分工的不同。事实上，在大型MMO游戏中一个很大的乐趣就在于，有非常多的玩家在同一个游戏世界里做着不同的事：张三喜欢打鱼，李四每天凌晨打铁，王五喜欢探索地下城搜刮战利品。那么现在问题来了，既然我们知道分工和交换是有利于游戏发展的，我们如何把这个系统做得更好？

在前一小节提到的游戏中，我们看到的大部分交易都是面对面的行为。最早的石器时代中，游戏不具备交易的功能，玩家只能面对面相隔一定的距离，约定好交易的内容，倒数计时，同时把物品扔在地上，然后飞奔过去捡起对面扔下的物品。这种"返璞归真"的交易行为现在看起来非常有趣，但在当时给游戏带来了不少麻烦，骗子和中途出现破坏交易的玩家屡见不鲜。因此在游戏后续的版本中，很快就增加了交易界面。两名玩家分别把需要交易的物品放入界面中，同时点下确定，交易完成（图6.4.2）。

图 6.4.2　《奇迹 MU》的交易界面

之后在很长的一段时间内，这都是游戏的主要交易方式。

在交易功能成为了游戏中不可或缺的一部分功能之后，设计者发现买卖物品本身也成为游戏的乐趣之一。就如同现实中的贸易商一样，有部分玩家在游戏中把所有的精力都花在了买卖物品上，从中赚取差价。随着游戏世界的发展越来越进步，传统的面对面交易方式已经不能满足玩家的需求，因此而诞生了其他多种更为复杂的交易系统。

1）摆摊

玩家可以在固定的位置放置一个摊位，将物品放在摊位里出售。这样即使玩家不在电脑前，甚至不在线，交易也可以继续进行，极大地降低了游戏中交易行为的门槛。另外逛摊位集市本身是一件由玩家创造的非常有乐趣的行为，找到便宜货也能让玩家获得很大的满足感。摆摊的位置也很有讲究，例如在一个困难的地下城门口高价卖治疗药剂，充分体现了玩家对于市场经济的理解。

2）拍卖行

《魔兽世界》在创造一个完善的经济体系上做出了许多努力，拍卖行就是其首创的一个交易系统。玩家可以把物品放在统一的拍卖行里，并设置最低价或一口价。其他玩家可以通过统一的搜索界面方便地搜索到这些物品，从而实现交易的过程。这个系统在进一步降低了交易的成本的同时，也让价格竞争变得更透明化。

5. 模拟现实的经济系统

《星战前夜 EVE》中的交易系统可谓前无古人，游戏技能、货币、点卡、道具、飞船……

几乎游戏中的一切都可以用钱买到。游戏中还设计了完善的市场系统——期货、订单、运输成本，这一系列在现实中才能看到的词汇，都可以在游戏中找到。例如在危险的区域，玩家要冒着被抢劫货物的风险去运输物品，因此价格也会直线上升。正是游戏极度复杂的经济系统，吸引了许多经济学家对其中的虚拟经济进行研究。游戏开发商甚至专门聘请了经济学家 EyjolfurGudmundsson 来保证游戏的经济稳定。

总结前文所述，经济设计中的货币和交易，就像不同水池之间的阀门，使游戏中各种物资的流通成为可能。通过控制这些阀门，设计者们可以调节玩家的分工和游戏行为。同时交易本身作为社交行为的一部分，自身也具有一定的游戏乐趣。但过于开放的经济系统也会给游戏带来许多负面作用，利于作弊、外挂、游戏周期缩短等。在 MMORPG 中经济系统的开放性达到一个顶峰，之后随着游戏类型和付费方式的改变，经济系统的设计逐渐回归封闭。

思考题

回忆一下，在现在增速迅猛的移动端游戏设计中，你是否能看到交易和货币的设计。并思考这是由什么原因导致的。

提示：可以从游戏付费方式和游戏类型方面去分析。

6.4.2　生产和消耗

席德梅尔曾经说，游戏就是一系列有趣的选择。在这里不讨论选择有趣与否，先来看看玩家们是如何选择的。现在现实世界中，经济学是一门研究人类选择的学科，在《经济学原理》中阐述的十大经济学原理中，与个人选择有关的就占了四条：**人们面临权衡取舍、某种东西的成本是为了得到它而放弃的东西、理性人考虑边际量、人们会对激励做出反应**。

游戏策划是游戏规则的设计者，设计目的就要通过一系列人为的设计，鼓励或者限制玩家的行为。通过产出和消耗的设计，可以很方便地达到这一目的。

《帝国时代2》中的资源设计可谓丰富，木头、食物、黄金、石头，4 种资源在玩家不同发展阶段的需求完全不同。通过对这 4 种资源产出和消耗的分配，可以在很大程度上影响玩家的行为（图 6.4.3）。

木材是最基本的原材料，种田、建筑、渔场、训练弓箭手、船只、攻城机械等等都需要大量木材，这在游戏的初期显得特别重要。砍伐树木就可以获得大量木材，而游戏的场景中分布着大量的树林，并且在游戏中这是一种贯穿始终的资源。正因为木材的获取方式比较简单，因此木材的消耗也主要用来生产初期的单位和建筑，一旦进入游戏后期，对于木材的需求就会大大减少。

食物也是一种极其重要的资源。制造农民、训练军队（除了少数兵种）、研究科技、时代升级等需要大量的食物，而食物的产生渠道也最为广泛和复杂。初期，玩家可以通过果实丛、绵阳、驯鹿、野猪身上获取食物，后期则可以通过种田和养鱼场获得食物。

对于不同的食物获取来源，难度和回报也略有分别：

绵羊，食物 100，初期最重要的食物来源。需要驯化，当绵羊处于我方视野范围内时，即被驯化，便可带回。

图 6.4.3　《帝国时代 2》的资源采集

鹿，食物 140，初期是重要食物来源，缺点是有时距离比较远，不能驯化。

野猪，食物 340，生命 75。是初期最大的食物来源，是快速升级的保证，但有较强攻击力，被攻击后会反抗，必须多个农民同时攻击粮草丛，食物 125。初期重要的食物来源。

农田，食物 220，研究了有农田技术后农田产量会有所增加。由农民建造，耕种。是最稳定可靠的食物来源。

可以看出，游戏初期的食物来源越多，对于玩家的探索和操作要求就越高。鼓励玩家通过一定的技巧去获得更多的食物来源。

黄金和石头则是后期非常重要的资源，科技和战斗单位的灵魂。几乎所有高级兵种和科技的发展都需要黄金，而石头则是后期建造城堡和城墙的必要材料。它们的重要性还在于，相比木材和食物，黄金和石头分布更加稀少，通常情况下获得对黄金的控制也就获得了战争的主动。有限的资源产出渠道，增加了玩家了冲突点，为游戏后期的战略选择和冲突提供条件。

在 4 种资源的共同作用下，玩家在整个游戏过程中都面临着各种各样的**权衡取舍**：

初期是采木头还是采集食物？什么时候应该去采集石头和黄金？

同样的资源，如果建造一段围墙来进行防御，就要放弃一个伐木场。

采集过多的木材对于发展也没有任何好处，因为后期的兵种不需要木材。

更稀少的资源，值得花更多的力气去争夺。

多种多样的选择无疑大大增加了游戏的可玩性。

《帝国时代 2》是一个已经发布了 20 年的游戏，单局游戏时长不过一个小时，其资源流动的路径也较为固定，生产出来的资源被转化为建筑、作战单位，作战单位又在战斗中互相消耗，直至最终一方获得胜利。随着游戏的结束，剩余的资源也就顺理成章地消失了。

在多人在线网络游戏中可不是这样，下面来描述一个常见的 MMORPG 游戏的生产和消耗路径（图 6.4.4）。

图 6.4.4 资源的生产与消耗的方式

除了生产和消耗的方式变多了之外，MMORPG 游戏和传统的单机游戏似乎并没有什么本质的区别。在生产环节中，玩家进入游戏，击杀了怪物，完成了任务，接着通过砍树、采集、裁缝、铁匠等一系列方式，把游戏时间转化为了等级和各种物品。在消耗环节，玩家用这些金币去购买更强力的装备，使用了药水，合成了宝石，增加了自身的属性，挑战更高等级的游戏内容。

但是经过仔细分析会发现，这些"凭空"生产出来的物品，最终在消耗环节并没有完全"消失"，而是变成了宝剑、铠甲、符文或药水，留在英雄们的物品栏中。如果再加上一个完全开放的交易系统，这些东西会在玩家手中不停地流动，永远不会"消失"。

网络游戏不同于单机游戏，不存在游戏结束——清零重置这个过程。也就是说，随着游戏时间的不停累计，某类别的商品会越来越多。在现实世界一件商品的短期可能会存在需求饱和，从长期来看商品的需求是无限的，因为现实世界的商品总会随着时间被消耗掉，并且物质世界资源拥有稀缺性，所以商品的产出总是有限的。但是在游戏世界中，往往当一件商品不会被消耗时，那么它总有一天会变成价值为 0 的商品，所有玩家就不再需要去进行生产行为，游戏的流程就会被破坏。

2012 年 5 月，《暗黑破坏神 3》发布时，最令人惊讶的就是游戏采用了全程联网的网络游戏模式，并且游戏借鉴了在《魔兽世界》中获得好评的拍卖行系统。玩家可以通过统一的拍卖行，购买或出售在游戏过程中发现的装备和材料。更刺激的是，除了以游戏内的金币进行交易之外，玩家还可以通过现金交易物品。这让当时的许多人热血沸腾。这意味着游戏中随时可能掉落一把价值不菲的武器。整个系统在上线初期运作非常完美，所有玩家都很快在拍卖行中找到自己想要的物品，并把不需要的东西挂牌出售，大大地促进的玩家之间的职业分工和交流。但好景不长，在拍卖行上线了 3 个月左右，情况开始有了变化。

《暗黑破坏神 3》有一个和《魔兽世界》最大的不同，就是其过于开放的道具系统。《暗黑破坏神 3》中的物品并没有"绑定"机制，所有角色只要满足了需求都可以使用。这意味着游戏中的物品不会严格意义上"消耗"掉，一个玩家不想用的道具，可以交易给另一个玩家继续使用，市场上的装备只会越来越多。于是首先有玩家在游戏通关之后，开始专职投入到买卖装备中，不再完成游戏本身的内容，每天进入游戏就是为了买卖装备。紧接着是一些外挂编写者发现有利可图，开始大量介入，刷金币、刷装备行为开始出现。最后，

238

因为不断地积累，并没有严格意义的消耗渠道，普通装备开始泛滥，而"极品"的价格由于金币过量开始飙升。拍卖行中的金币标价上限是 20 亿，但 20 亿买不到什么好东西，好东西只能用现金购买。

最终游戏变成了这种情况：工作室和外挂在拼命地刷钱、刷装备，大部分赚得盆满钵满。高级游戏玩家在拍卖行里倒买倒卖，因为买装备比起自己去浴血奋战等 Boss 掉落要轻松得多。初级玩家则只需要进拍卖行买一套还过得去的装备，就可以轻松碾压所有 Boss，并不需要什么技巧和操作。

暴雪设计拍卖行的初衷一方面是通过玩家间的交易强化《暗黑破坏神 3》的网游性及寿命，另一方面也希望通过收取现金买卖 15% 的交易税获得额外的收入，但最终拍卖行还是没能坚持到最后。《暗黑破坏神 3》拍卖行于 2012 年 6 月正式上线，2014 年 6 月 24 日宣布永久关闭，暴雪随后承认了其设计的失败，并表示以后不会再上线该系统。

图 6.4.5　游戏中的资源流动

从无数的例子中我们发现，在多人参与的网络游戏中，开放的经济系统下，生产—消耗的循环设计非常困难。好在许多游戏设计者们已经发现了这个问题，所以我们可以选择一些折中的手段——封闭的成长体系（图 6.4.5）。

前文中提到的所有问题，本质上都是由于玩家手中资源的流动造成的——装备的流动，金币的流动，物品的交易。纵使交易系统让我们的游戏变得更好，但它确实带来了不少麻烦，再加上免费游戏、道具付费的风潮席卷全球，封闭体系的设计走上了主流舞台。玩家在成长过程中的所有物品都与本人绑定，无法交易，每日获得的经验、金钱、物品数量被严格控制。

思考题

试着分析一下现在手游采用的封闭的经济设计模式，相比传统的开放式设计有什么优缺点？

（本章内容由尹宁主笔）

参考文献

[1] 顾炎武 . 日知录集释全校本 [M]. 上海：上海古籍出版社，2006.

[2] 杜亚泉 . 博史 [M]. 上海：上海开明书店，1933.

[3] 刘焱 . 儿童游戏通论 [M]. 北京：北京师范大学出版社，2008.

[4] 仲富兰 . 图说中国百年社会生活变迁（1840—1949）文体·教育·卫生 [M]. 上海：学林出版社，
     2001.

[5] 戈春源 . 中国近代赌博史 [M]. 福州：福建人民出版社，2005.

[6] GOODALL J. In the Shadow of Man[M]. Boston：Houghton Mifflin Harcourt. 2000.

[7] 中国科学院考古研究所实验室 . 放射性碳素测定年代报告（二）[J]. 考古，1972，5：56-58.

[8] 王宜涛 . 我国最早的儿童玩具——陶陀罗 [J]. 考古与文物，1999，5：46.

[9] BELL R C. Board and Table Games from Many Civilizations[M]. North Chelmsford: Courier Corporation,
     1979.

[10] PICCIONE P A. In Search of the Meaning of Senet[J/OL].（2008-09-18）[2016-03-18] http：//www.
     piccionep.people.cofc.edu/piccione_senet.pdf.

[11] 脱脱，宋濂，顾颉刚，等 . 点校本二十四史：辽史，元史 [M]. 北京：中华书局，2011.

[12] 刘侗，于奕正，等 . 帝京景物略 [M]. 北京：北京古籍出版社，1983.

[13] 柏嘎力 . 蒙古民族传统沙嘎游艺——以苏尼特蒙古部沙嘎游艺为中心的考察研究 [J]. 内蒙古大学，
     2011.

[14] 蔡丰明 . 游戏史 [M]. 上海：上海文艺出版社，2007.

[15] AUSTIN R G. Roman Board Games: I: Greece & Rome[M].Cambridge: Cambridge University Press on
     behalf of The Classical Association, October 934.

[16] MURRAY H J R. A History of Board-Games Other than Chess: Race-Games[M]. New York: Hacker Art
     Books, 1952.

[17] 高承，李果，等 . 事物纪原 [M]. 北京：中华书局，1989.

[18] 李肇 . 二十五史艺文经籍志考补萃：第十七卷（旧唐书经籍志 / 新唐书艺文志）：唐国史补：卷下
     [M]. 北京：清华大学出版社，2013.

[19] 艾布·达乌德 . 艾布·达乌德圣训集 [M]. 余崇仁，译 . 北京：宗教文化出版社，2013.

[20] 作者不详 .Codex Manesse[M/OL].（2014-02-01）[2018-01-29]. https://www.pinterest.com/pinglanv/
     codex-manesse/.

[21] HOYLE E. A Short Treatise on the Game of Back-Gammon[M/OL]. Dublin: Angel and Bible in Dame-
     Street, 1744.（2015-01-01）[2018-04-24] http://www.bkgm.com/books/Hoyle/Transcription/.

[22] BUTCHER S H. Aristotle's Theory of Poetry and Fine Art: With a Critical Text and Translation of the
     Poetics[M]. Whitefish, Montana: Kessinger Publishing, 2010.

[23] 杨荫深 . 中国古代游艺研究 [M]. 上海：世界书局，1946.

[24] GOLLADAY S M. Los Libros de Acedrex Dados E Tablas: Historical, Artistic and Metaphysical
     Dimensions of Alfonso X's Book of Games[M/OL]. Tucson, Arizona: University of Arizona, 2007.
     （2008-02-01）[2018-04-24] http://fortuna.ludicum.org/HJT2k9/AlfonsoX.pdf.

[25] 陈祖源 .《敦煌棋经》——世界上最古老的棋著，中国棋文化峰会文集 [C]. 广州：广州出版社，
     2011.

[26] 成恩元 . 敦煌碁经笺证 [M]. 成都：蜀蓉棋艺出版社，1990.

[27] 弗里德里希·席勒 . 美育书简典藏版 [M]. 徐恒醇，译 . 北京：社会科学文献出版社，2016.

[28] 弗洛伊德 . 弗洛伊德后期著作选 [M]. 林尘，张唤民，译 . 上海：上海译文出版社，2005.

[29] 赫伊津哈 . 游戏的人 [M]. 何道宽，译 . 广州：花城出版社，2007.

[30] FULTON S. The History of Atari: 1971-1977[EB/OL].（2000-03-07）[2017-08-12]. https: //www. gamasutra.com/search/index.php?search_text=The ＋ History ＋ of ＋ Atari&submit=Search&from_ press=Y&from_blogs=Y.

[31] 徐继刚 . 太东风云录（上），游戏・人，Vol.32[J]. 西宁：青海人民出版社，2009.

[32] クレイグ・グレンディ . ギネス世界記録 2006[M]. 东京：ポプラ社，2005.

[33] WRIGHT T. The Tragic Cost of Google Pac-Man-4.82 million hours[EB/OL].（2010-05-24）[2018-04-18]. https: //blog.rescuetime.com/the-tragic-cost-of-google-pac-man-4-82-million-hours/.

[34] Jörg Ziesak. Wii Innovate. How Nintendo created a New Market through the Strategic Innovation Wii[M]. Munich: GRIN Verlag (GRIN Publishing), 2009.

[35] All-TIME 100 Video Game[EB/OL].（2012-11-15）[2018-04-18]. http: //techland.time.com/all-time-100-video-games/.

[36] WINTER D. Pong Story: Magnavox Odyssey[EB/OL].（2012-04-27）[2018-04-18]. http: //www.pong-story.com/odyssey.htm.

[37] HERMAN L. Phoenix: the fall & rise of videogames 2nd edition[M]. Springfield Township, New Jersey: Rolenta Press, 1997.

[38] A Brief History of Game Console Warfare[EB/OL]. BusinessWeek,（2006-10-19）[2018-3-4]. https:// slashdot.org/story/06/10/19/2049209/a-brief-history-of-game-console-warfare.

[39] BELSON E.Toy Trends[J]. Orange Coast Magazine, 1988, 12: 88.

[40] List of best-selling video game franchises[EB/OL].（2016-03-27）[2018-04-18]. https: //en.wikipedia. org/wiki/List_of_best-selling_video_game_franchises.

[41] 前田寻之 . 家用游戏机简史 [M]. 周自恒，译 . 北京：人民邮电出版社，2015.

[42] Angry Birds maker Rovio sued over app patents[EB/OL].（2011-07-22）[2018-04-18]. http: //www.bbc. com/news/business-14245047.

[43] Apple Inc. Apple's Revolutionary App Store Downloads Top One Billion in Just Nine Months[EB/OL]. https: //www.apple.com/cn/newsroom/2009/04/24Apples-Revolutionary-App-Store-Downloads-Top-One-Billion-in-Just-Nine-Months/.

[44] 程大城 . 文学原理 [M]. 台北：台北黎明文化事业公司，1973.

[45] 大塚英志 . キャラクター小説の作り方 [M]. 东京：角川書店〈角川文庫〉，2006.

[46] 東浩紀 . ゲーム的リアリズムの誕生　動物化するポストモダン [M]. 东京：講談社，2007.

[47] 鲁迅 . 中国小说史略 [M]. 上海：上海古籍出版社，2006.

[48] 陈星汉 . 对知乎问题"设计〈旅程〉（Journey）这款游戏时，你内心中追求的主题是什么？"的回答 [Z/OL].（2012-03-19）[2018-04-18]. https: //www.zhihu.com/question/20125406/answer/14067659.

[49] Gromit. 对知乎问题"玩〈风之旅人〉（Journey）的感觉如何？"的回答 [Z/OL]（2012-08-15） [2018-04-18]. https: //www.zhihu.com/question/20131394.

[50] 王耀辉 . 文学文本解读 [M]. 武汉：华中师范大学出版社，2015.